こうしす! EE
KOSYS! Enterprise Edition

社内SE 祝園アカネの 情報セキュリティ事件簿

井二かける

イラスト
草宮るみあ、廣田智亮、
金白彩佳、佐久間蒼乃、
安坂悠、夏野未来、
リンゲリエ、小澤佑太ほか

SE
SHOEISHA

キャラクター紹介

メインキャラクター

祝園《HŌSONO》 アカネ《Akane》

広報部システム課　上級係員。計画的怠惰主義者。残業は敵。京姫鉄道に入社した理由は、そこそこの規模で、そこそこ財閥系で、労組の力が強くて、仕事の手を抜いてもクビにならなさそうだったから。念願叶って、異例の人事により入社初年から本社に配属されるも、配属先はシステム課。そして、毎日、トラブルに追いかけ回される羽目に……。

英賀保《AGAHO》 芽依《Mei》

広報部広報課　係員。アカネの同期。天才的なトラブルメーカー。常人では思いつかないようなシステムトラブルをナチュラルに引き起こす。向上心は人一倍強いが、ことITに関しては天賦の才に阻まれる。現在は、情報セキュリティマネジメント試験に挑戦中。

垂水《TARUMI》 結菜《Yuina》

広報部システム課　主任　兼　運転士。本業は鉄道ファン。副業として京姫鉄道に入社している。感情をストレートに表す性格で、お転婆娘。

山家 宏佳

YAMAGA Hiroka

広報部システム課　課長。現在ではプロジェクトマネージャとしての仕事が多いが、システムエンジニアとしてもプログラマーとしても優秀。しかし、課長としてはイマイチ活躍できていない。

少佐

Lt.Commander

広報部システム課　少佐。宏佳の同期。謎多き人物。コーディング速度のギネス記録を持つほどの天才プログラマーだが、そのソースコードを誰も解読できない。鉄道事業部の施設区所に勤めていた時代から、ずっと当時の制服を着用している。

中舟生 良文

NAKAFUNYŪ Yoshifumi

広報部長 兼 取締役CIO。偶然にも山家の上司だったことから、実力はないのに業績を評価され役員となってしまった残念な御方。実権はほとんどないに等しい。

汎用型自走式パキラ

ブーン。

▼サブキャラクター

京姫鉄道

月田《TSUKITA》 万作《Bansaku》

葛城《KATSURAGI》 岩男《Iwao》

万能倉《MANAGURA》 まな《Mana》

余部《YOBE》 静夫《Sizuo》

粟生《AO》 葵《Aoi》

敦賀《TSURUGA》 剣《Ken》

膳所《ZEZE》 はるか《Haruka》

八橋《YABASE》 次郎《Jiro》

車折《KURUMAZAKI》 秀一《Shuichi》

高槻《TAKATSUKI》 千夏《Chinatsu》

京鉄ITソリューションズ

夢前《YUMESAKI》 さくら《Sakura》

敬川《UYAGAWA》 康《Yasu》

神戸テレビジョン

御来屋《MIKURIYA》 みく《Miku》

日本國有鉄道

篠山《SASAYAMA》 砂沙美《Sasami》

淡鳴急行

祝園《HŌSONO》 アカネ《Akane》（B主査）

その他

網干《ABOSHI》 茉莉《Matsuri》

朝霧《ASAGIRI》 義満《Yoshimitsu》

高輪《TAKANAWA》 彁《Geitouei》

非常発報
非常発報
祝園

INCIDENT 2
大切なお知らせ
播備播但神戸三田中央東西南北UDPそよかぜ銀行は
ウェストサウスバンク南丹播備播但神戸
三田中央東西南北UDPTCPPPPoE
そよかぜきらめく天然水の里銀行
に生まれ変わります
INCIDENT 3

CIA

まえがき

サイバー攻撃の脅威が広く認知されるようになり、社会全体でセキュリティ向上への機運が高まっています。しかし、正しくリスクを知って、適切に対処するという考え方が十分に広まっているとは言えません。

セキュリティトラブルをゼロにすることは不可能です。しかし、その現実を無視して、『セキュリティトラブルはゼロが当たり前』『セキュリティ被害などあってはならない』『面倒くさいルールで縛れば安心』という極端な勘違いに走る人や組織も少なくありません。本書では、そんな『あるある』な光景を風刺してコメディタッチに描きます。架空の鉄道会社『京姫鉄道』の社内システムエンジニアである祝園アカネが経験する、身近なセキュリティトラブルを通じて、どのようにリスクに向き合っていくべきかを考えてゆきます。

本書はあくまでもコメディ小説ですから、体系的な解説を目指すものでも、絶対的な正解を示すものでもありません。しかし、セキュリティ対策のためのヒントが散りばめられています。ぜひあなたの身の回りの事例に当てはめて、どうすればよいか主人公と一緒に考えていただければ幸いです。

なお、本書は、Open Process Animation Project Japan (OPAP-JP)が非営利目的で制作する、ア

ニメ「こうしす！」シリーズのスピンオフ作品です。ニコニコ動画及びYouTubeで無償公開されているアニメ「こうしす！」や、@ITで連載中（二〇一九年一〇月現在）のマンガ「こうしす！@IT支線」も併せてご覧いただくと、本書をよりお楽しみいただけます。

本書はフィクションです。本書に登場する人物、組織、技術、製品、法律などはすべて我々の世界とは異なります。そして、紹介する攻撃手法はあくまでも作中の世界で通用するものです。しかし、その攻撃手法は、我々の世界でも通用することがあります。本書で得た知識はセキュリティ対策のためだけに用い、決して悪用しないでください。

念のために記載しますが、本書は、情報処理安全確保支援士の筆者が、情報処理促進法第6条に定められる情報処理安全確保支援士業務として、**「サイバーセキュリティの確保を支援する」**という正当な目的のため執筆したものです。

訂正情報について
本書の内容は細心の注意を払って執筆しておりますが、技術的その他の誤りが含まれる場合があります。正誤表は翔泳社のウェブサイトに掲載されます。

CONTENTS

「え、何ですか、唐突に」

「ごめん、何でもない。
ただ、なんか
境界を越えた感じが
したなって」

「まぁ、何か、
会社の境界を越えるって
何か変な感じですね」

プロローグ

春の日差しを受けて、明石海峡の潮流がきらきらと輝いていました。海鳥たちが青空を駆け巡り、桜の花びらが風に舞い踊ります。

ああ、それはそれは、なんと美しい光景でしょうか。

ですが、それは車窓の外、どこか遠い世界の風景でした。

「はぁ……働きたくない」

私、祝園《ほうその》アカネは、大きなため息をつきました。

電車の客室は薄暗く、静かでした。ただモーターの力強い唸り声と、レールジョイントが奏でる軽快な走行音のみが響いています。ここにいるのは、私ただ一人。向かいの座席に足を投げ出しても、誰にも文句を言われません。そう、これは回送列車。今日は幸いにも便乗できたのです。

これは我々、京姫《きょうき》鉄道の社員のみに許された特権です。ときおり、私と同じように便乗する社員がいますが、せいぜい数人です。満員になることは決してありません。

その上、この回送列車は、実質、職場直通です。姫路総合車両所へと向かう途中、京姫鉄道本社ビル内の大将軍駅に運転停車し、そこで降ろしてもらえるのです。まあ、鈍足なのは玉に瑕ですが、あと一時間もすれば到着することでしょう。何も悪いことはありません。通勤は快適そのものです。

それにもかかわらず、私は暗澹たる気分でした。

五里霧中どころか、五光年先も霧の中。懸案事項を考えれば考えるほど、解決の糸口を見いだせず、会社への足取りが重くなる一方でした。

京姫鉄道に就職して三年目に入るこの春。私は社内システムエンジニアとして最大の課題に悩まされていました。

それは、情報セキュリティ対策です。

もちろん、今までも散々悩まされていましたが、今回は格別です。

『セキュリティ事案ゼロは当たり前！』

これ、なんだか分かりますか？　弊社の今年度の標語です。

もちろん、事故もインシデントも起きないのがベストです。しかし、絶対というものはありません。そんなことができるなら、鉄道事故も交通事故も既に過去の遺物となっているはずです。事故はゼロにできない。セキュリティだって例外ではありません。

二年前の私なら皮肉たっぷりにこき下ろしていたことでしょう。でも、今は経営陣が焦るのも少しは理解できるのです。

弊社では、重大なセキュリティインシデントが毎年のように発生しています。もちろん、公共交通機関だからこそ狙われやすいという側面はあるかもしれません。とはいえ、起きているインシデントはしょうもないものばかり。行政指導は何回目か分かりません。会社の上層部はそれに焦ったのでしょう。もし地域の交通機関としての信頼を失えば、会社がなくなってしまう、と。

それは現実に起こり得ることです。

弊社は中小私鉄ですが、長大な路線を抱えています。京姫本線（園部―篠山―姫路）と三神姫《さんしんき》線（篠山―三田―神戸―姫路）、その他、支線、第二種鉄道事業や軌道の区間を含めれば営業キロ数は二百キロを超え、大手私鉄に並びます。しかし、路線の規模に比べれば人員も収益規模も

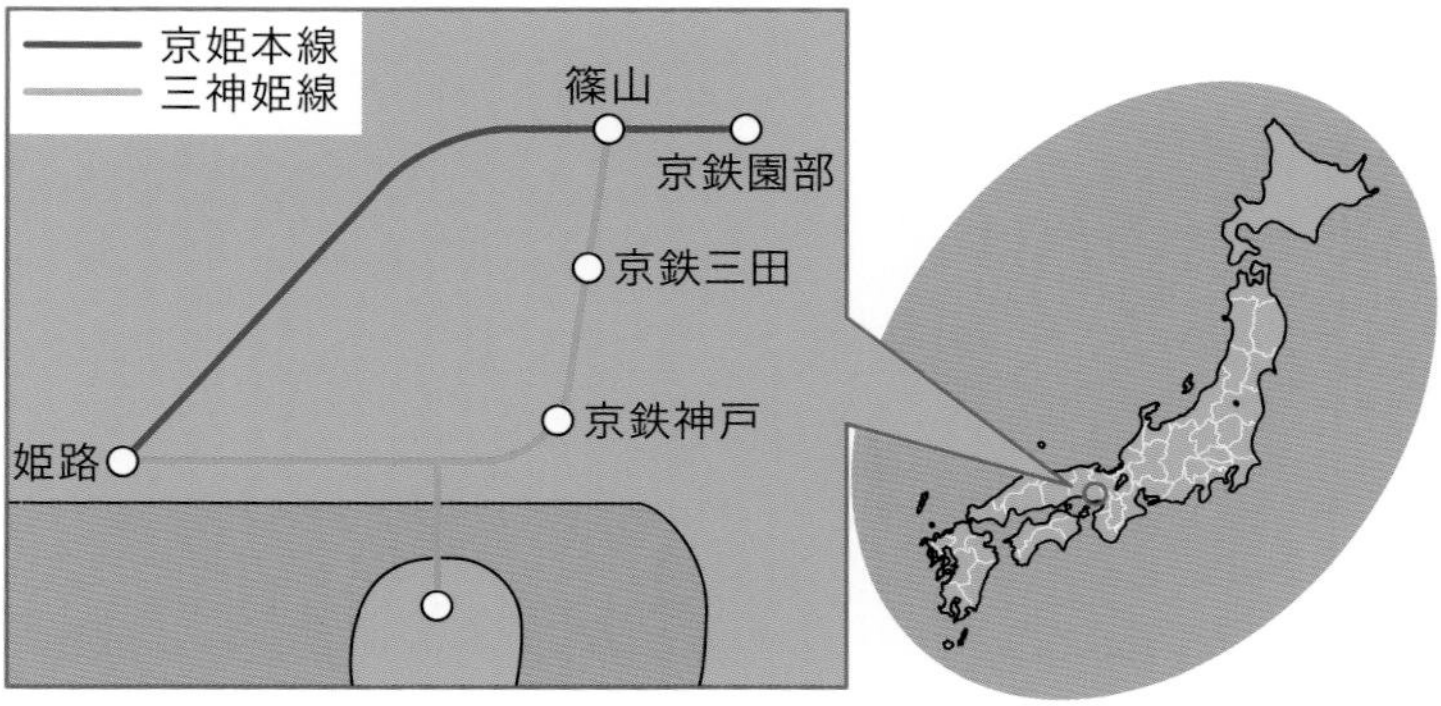

ぶっちゃけショボいのが実情です。

ここ五年は、奇跡的に鉄道事業単体で黒字を実現してはいますが、どケチな施策で将来を食い潰しているに過ぎません。

そもそも、弊社が収益を確保できているのは、主に外的要因による奇跡と言っても過言ではありません。昭和末期に國鉄民営化が頓挫し、國鉄職員にストライキ権が認められ、國鉄ストが乱発された結果、『運休が少ないことで定評がある京姫鉄道』は國鉄からお客様を奪うことができました。

ですが、ここは激戦区。窓には併走する赤帯の電車が見えます。もし度重なるセキュリティ事故で信頼を失えば、たちまちあの競合私鉄にお客様を奪われてしまうことでしょう。

以前、経営会議の場で『売れ筋のぽん酢の販路をさらに拡大しなければ』と大真面目に議論する役員方の姿を目撃してしまいました。あれ、うちって、何屋さんでしたっけ?

まあ、そんなわけで、とにもかくにも、余力がないのです。

弊社CIOがいつも『だってお金ないもん』とぼやいているぐらいですから。

ふと車窓に目を遣ります。

いつの間にか、海は見えなくなっていました。

INCIDENT 1

隠ぺい

目指すべきは『完璧』？

祝園アカネ SIDE

二〇一七年四月五日（水）午前八時四五分。

『ええな!?』

怒声が本社中に響き渡りました。まるで地響きのような振動が身体に伝わり、頭から抜けていきます。衝撃波で窓ガラスが割れてしまわないか、本気で心配したほどです。

ここはシステム課の事務室。年度初の全社一斉朝礼の真っ最中でした。テレビには、本社第一ホールで執り行われている、お偉方の訓示の様子が生配信されています。我々システム課は朝から配信システムの事前準備で大わらわでした。予算の都合で広報部の傘下にいるご身分。こういう仕事に拒否権はありません。

例年通りなら、当社の置かれた状況は厳しいという話が延々と続くのですが、今年はやや毛色が異なっていました。総務部の葛城《かつらぎ》部長が取締役に就任したということもあり、そのお披露目も兼ねていたのです。

あのホールには抽選選ばれた社員が出席しているのですが、正直、特に今回は私が選ばれなくて良かったと感じています。選ばれし者は、あのダミ声を生で聞くことになるのです。とてもとても。

葛城取締役はギロリと聴衆を見渡しました。何を言い出すのかと、皆、固唾を呑みます。

『**目指すべきは「完璧」や！** 諸君一人一人が鉄道を支えているという自覚を持って欲しい。安心と安全こそが、お客様の信頼を得る鍵や』

まあ、ガラの悪い口調はともかくとして、鉄道会社にとって、安全は本当に大切なことです。三箇条の安全綱領と十箇条の一般準則は、すべての従業員が入社時に徹底的に暗記させられます。それは一文字でも漢字を間違えたら、怒鳴りつけられ吊るし上げられるほどに。安全に限っては、そんな風に皆、血眼なのです。

ですが、少し行き過ぎな部分も感じるわけで。

京姫鉄道 運転安全規範

（目的）

第一条　この規程は、当社の従業員が常に服ようすべき運転の安全に関する規範を定め、その安全保持の理念を確立し、もつて輸送の使命を達成することを目的とする。

（規範）

第二条　従業員が服ようすべき運転の安全に関する規範は、左の通りとする。

一　綱　領

（一）安全の確保は、輸送の生命である。

（二）規程の遵守は、安全の基礎である。

（三）執務の厳正は、安全の要件である。

二　一般準則

（一）規程の携帯

従業員は、常に運転取扱に関する規程を携帯しなければならない。

（二）規定の理解

従業員は、運転取扱に関する規定をよく理解していなければならない。

（三）規定の遵守

従業員は、運転取扱に関する規定を忠実且つ正確に守らなければならない。

（四）作業の確実

従業員は、運転取扱に習熟するように努め、その取扱に疑いのあるときは、最も安全と思われる取扱をしなければならない。

（五）連絡の徹底
従業員は、作業にあたり関係者との連絡を緊密にし、打合を正確にし、且つ、相互に協力しなければならない。
（六）確認の励行
従業員は、作業にあたり必要な確認を励行し、おく測による作業をしてはならない。
（七）運転状況の熟知
従業員は、自己の作業に関係のある列車（軌道にあつては車両）の運転時刻を知つていなければならない。
（八）時計の整正
従業員は、職務上使用する時計を常に整正しておかなければならない。
（九）事故の防止
従業員は、協力一致して事故の防止に努め、もつて旅客及び公衆に傷害を与えないように最善を尽さなければならない。
（十）事故の処置
従業員は、事故が発生した場合、その状況を冷静に判断し、すみやかに安全適切な処置をとり、特に人命に危険の生じたときは全力を尽してその救助に努めなければならない。

附則
この規程は昭和四五年九月一〇日から施行する。

『何度もゆーとるように、コンピューターウイルス感染ゼロ。情報セキュリティ事案ゼロ。これがトーゼンや』

当然……ねえ。

最近、社内の至る所に『セキュリティ事案ゼロは当たり前！』という張り紙を見かけますが、このおっさん……もとい御方が主導していると聞きます。まあ、弊社では鉄道事故に関する目標値として『責任事故ゼロ、重大インシデントゼロ』を掲げており、同様の基準を情報セキュリティに求めるのも自然な発想なのです。

それに、いつも私に泣きついてくるトラブルメーカーたちの顔を思い浮かべると、葛城取締役のお気持ちは分かります。その代表格である広報課の英賀保芽依《あがほめい》。彼女は、コンピューターに嫌われているレベルで、トラブルに巻き込まれます。当然、セキュリティトラブルも。陰では天上ノ瑕疵誘因《アルティメットバグトリガー》なる二つ名で呼ばれているほどです。葛城取締役のお気持ちはお察しいたしますが、しかし、英賀保芽依がいる限り、事案ゼロなんて無理なのです。一抹、いや十抹ぐらいの不安を感じます。

『そのトーゼンができとらん！！！』

と、突然の大声。

『感染した者は、ハッカーと同罪や！　懲戒処分は避けられへん。諸君も、地域社会における我が社の役割をよーう考えて、鉄道員としての自覚を持って職務に励むように』
　この手のふんわりとした精神論でセキュリティを向上できるとでも。もしできるなら、私が苦心してセキュリティについて考えなくても、いいのでは？　ただでさえ枯渇していたモチベーションは、ゼロになりました。ああ、定時まだ？
　その頃、案の定と言うべきか、英賀保芽依はトラブルに巻き込まれ始めていたのです。

隠ぺいの始まり

英賀保芽依 SIDE

　私、英賀保芽依《あがほめい》はデジタル機器に嫌われている。

　断言できる。世界広しといえども、私ほど嫌われている人は他にいない。パソコンを触ればバグに遇い、スマートフォンを触ればフリーズする。ウイルス感染なんてしょっちゅうだ。でも、きっといつか仲良くできるはずだと信じている。

　でも、そんな想いとは裏腹に、今朝は自動改札機に弾き飛ばされた。ＩＣ社員乗車証が人事情報に登録されていないというエラーだった。ご機嫌を損ねてしまったのだと思う。

葛城取締役の年度始めの挨拶は私にとって耳の痛いものだった。

「いるらしいよ、国際部で降格処分になった人が」

先輩の粟生《あお》さんにそう小声で耳打ちされた。

「えええ……」

「芽依は特に気をつけなよ……」

本気で心配してくれている様子だ。

残念ながら、その心配は当を得ている。私は数年前に一度ウイルスで大騒動を引き起こしたことがあるからだ。その時は全社的にWindows XPを使っていたことや、同期でシステム課のアカネちゃんが取った強行策が問題視され、私はどさくさに紛れて処分を受けずに済んだ。けれども、私が引き金を引いたことは周知の事実である。

それに葛城取締役の本気度合いは至る所に見て取れる。『ウイルス感染ゼロは当たり前』といった標語が社内の至る所に掲出されているからだ。広報課のオフィスはもちろん、各部署のオフィス、挙げ句の果てには、工場や指令所にも掲出されているらしい。次はお咎めなしというわけにはいかないだろう。

『諸君も、地域社会における我が社の役割をよーう考えて、鉄道員としての自覚を持って職務に励むように』

自覚。そうだ。自覚を持たなければ。

『**ええな！**』

手の震えは止まらない。けれども、やっとの思いで拳を作る。いつまでも怯えていてはいけない。自覚を持って頑張ろう。私は強く決意した。

――もうウイルスには感染しないぞと。

……。

………。

…………。

五分後

「ううううう……パソコンが変なんです」

そう声を絞り出すのが精一杯だった。

「言った端から……」

私のパソコンの画面を覗いた瞬間、余部《よべ》課長は、苦虫を噛み潰したような表情を浮かべた。突然、インターネットの表示が不自然にチカチカと点滅を始めたのだ。

——しまった……。

血の気が引いた。あらゆる可能性が脳裏を駆け巡った。今回は断じて「イソストール」などという妖しげなボタンを押したわけではない。もちろんメールの添付ファイルを開いたわけでもない。それなのにどうして。私はただ今日の取材に備えて、インターネットで情報収集していただけなのに、ただそれだけなのに……。

長年の苦労が滲む課長の顔に、深い皺がまた一本刻み込まれる。怒りからか、恐怖からか、彼の顔は微かに震えていた。

「ううう、システム課に報告しないと……」

「……懲戒処分だぞ、君も私も……」

課長は額にじっとりと汗を滲ませていた。この場合、上司も管理責任を問われる。国際部の例を見ても間違いない。課長は降格処分になるかもしれない。

社内規定上、業務系・情報系システムを統括している広報部システム課に連絡するべき事案だ。しかし、処分を恐れた課長は、単なるパソコンの故障を装った。駆けつけた子会社の人に、声を絞り出すように懇願した。

「あのう、敬川《うやがわ》さん。すみません、今回の件……内々にしていただけませんか……？」

相手は、京鉄ITソリューションズ株式会社の端末保守係、敬川康《うやがわやす》、全身黒タイツの男だ。京姫鉄道には稀に個性的なファッションの方々がおり、彼もその中の一人だ。

「いいですよ。感染しないよう、次から気をつけてくださいね」

彼はそう言って、作業を始める。私には何をしているのかさっぱり分からなかったが、最後にキーボードのキーをカチャリと押したことだけは分かった。『Scroll Lock』と書かれた使い道の分からないキーだ。キーボードのLEDが一つ消灯する。

「ウイルス、駆除しておきました。では」

彼はにこやかに、去っていった。

「ありがとうございました」

「ありがとうございました」

課長と私は同時に胸を撫で下ろした。その理由は私と課長では少し違うのだろう。

「クビの皮が繋がった……。葛城取締役本気だからね。もうちょっとは自覚を持って、他人に迷惑をかけないようにしなさい」

「はい……」

課長は何かをぶつぶつ呟きながら、自席へと戻っていった。

こんな日についてない……。私は肩を落とした。

机の上には、神戸テレビからのメールを印刷した紙がある。

京姫鉄道株式会社
広報部広報課　英賀保芽依 様

いつもお世話になっております、神戸テレビの御来屋でございます。

いつも取材にご理解、ご協力いただき感謝しております。

実は、現在弊社で交通インフラにおけるセキュリティについて報道特集を組む予定となっており、もしよろしければ貴社の取り組みについて取材をお受けいただけないかと思いご連絡を差し上げました。

タイトル「交通を支えるセキュリティ」（予定）

神戸テレビ 報道番組「NEWS ISLAND」内特集

放映日　平成二十九年五月中旬（予定）

質問予定項目

・悪意のあるサイバー攻撃により乗客に危険が及ぶ可能性はありますか？

・そのような事態を防ぐためにどのような対策を講じておられますか？

・近年重要インフラを狙ったサイバー攻撃が増えていますが、どのような見解をお持ちですか？

お忙しいところ大変恐縮ですが、ご検討いただければ幸いです。

何卒よろしくお願いいたします。

神戸テレビ　姫路支局

御来屋みく

ちょっと浮かれた字で書いた『四月五日本日取材！』の付箋が皮肉だった。

そう、今日はテレビ局からセキュリティ関係の取材を受ける日だったのだ。よりによってその日にセキュリティ事案を起こしてしまうとは。やはり電子機器に嫌われている。いや、呪われてすらいるのかもしれない。こちらから歩み寄りを見せようと頑張っているのに、報われない……。

もう私はだめだ。もう仕事を辞めて、家に帰ってしまおうか、いやもう、どこか遠く、電子機器の存在しない無人島に一人逃げてしまおうか、ふとそんなことを考える。

「ごめん、英賀保さん取ってー！」

その声で現実に引き戻された。栗生さんの声だ。気付くと、外線電話の呼び出し音が鳴っていた。慌てて受話器を取る。

「お電話ありがとうございます。京姫鉄道広報課　英賀保と申します――」

できるだけ明るく取り繕ったものの、少し涙声が混じってしまったかもしれない。

『朝霧義満《あさぎりよしみつ》と申します』

私が言い終えるのを待たずに、男は不機嫌そうな口調でそう名乗った。

「お世話にな――」

『実はね、数分前から、うちのＷＥＢサイトにね、お宅のＩＰアドレスからＤｏＳ攻撃らしき不審な通信が』

――え……？　あいぴー？　どすこい？

頭が真っ白になった。何の話だろう。怪しいセールスだろうか、あるいは、相撲取りが何の用だろうか。そうだ、イタズラに違いない、きっとそうだ。確信を持った私は、そのまま受話器を置いた。

「**イタズラでした！**」

そう報告する。どうやら、世の中、暇人が多いようだ。まあ、少しは気分が変わったかもしれない。電話の主に感謝しなければならないと思った。

「神戸テレビさんお越しです」

そうだ、もうそんな時間だ。私は慌てて荷物をまとめる。

「はーい、行きまーす」

セーターを脱ぎ、スーツのジャケットを羽織り、身だしなみチェック。

さあ、行くぞ、芽依。

P

遅れた初動対応

祝園アカネ SIDE

システム課のオフィスは静かでした。あの葛城取締役の怒号で鼓膜が破れてしまったのかと思うぐらいに。そういえば、朝から先輩の垂《たる》水《み》結《ゆい》菜《な》の姿が見えません。

「……何か、また垂水先輩がいない気がするんですが……」

垂水先輩は、高卒なので年下ですが、職位は微妙に私が追い越したり追い越されたりしているので、序列的にはよく分からない感じです。いつも先輩風を吹かせながら一方的に愛しのキハ20について語り続けてくるのですが、やけに今日は静かだと思っていたのです。ふと数年前に垂水先輩と一緒にシステム子会社の京鉄ＩＴソリューションズ株式会社に飛ばされたときのことを思い出しました。まさか、どこかに飛ばされてしまったのでしょうか。

「安心しろ、あれは趣味だ」

そう答える彼は『少佐』と呼ばれている謎みの深い同僚です。いつも濃いグレーとオレンジ色のツートンカラーの作業着を着ています。消防団や他社の制服にも似たありふれたデザインですが、これは弊社鉄道事業部の技術系社員の制服です。旅客の皆様には保線員の制服でお馴染みですね。しかし、システム課は鉄道事業部ではありません。だから謎なのです。

それはそうと、垂水先輩です。

「確か、列車の運転だったか、臨時で」

中舟生《なかふにゅう》ＣＩＯがそう言うと、山家《やまが》課長は同意して結論づけました。

「ほぼ趣味ね」

その頃

垂水結菜 SIDE

気・第２１０３Ｄワンマン列車は、農芸高校前駅に停車中。この日は第二労組のストライキのため、臨時の運転士が乗務していた。

——あー、キハ20のエンジン音はうっとりするなぁ。

所定の出発時刻が近づいたため、運転士は乗降客を確認。

「乗降終了、ヨシ」

運転士はドアスイッチを取り扱い、閉扉。所定の指差喚呼を行う。

「戸ジメ、ヨシ。側灯、ヨシ。ホーム、ヨシ。出発相当、進行！　発車、定時。次の停車駅は瑠璃《るり》渓口《けいぐち》」

列車は、農芸高校前駅を定刻通りに出発した。

通報

祝園アカネ SIDE

システム課のオフィスには私と少佐の二人だけでした。手狭なこの部屋も、今日は少しだけ広々と感じます。課長とＣＩＯは会議や挨拶回りで忙しそうでした。新たに就任した葛城取締役や、社外取締役との顔合わせという意味もあるのでしょう。

私は机に突っ伏していました。モチベーションはもはや虚数。複素領域のどこかにありました。ああ、数学にさえｉ《アイ》（虚数単位）があるのですから、私にも愛を。定時退社という名の愛をくれ。

「あぁ……定時まだぁ……」

「定時まであと七時間はあるが」

と、少佐。光の速さでキーボードを乱打しながら、そう答えました。

「えぇー……」

私は少し顔を上げました。

「少佐は楽しそうですね」

「例のシステムの開発さ、キリッ」

なんと、予想外。

「おお、仕事ですか。珍しい」

「見ていたまえ、キーボード操作で効果音が鳴る機能を実装したところだ」

少佐のキー入力に合わせ、ピ、ピ、ピ、ピ、ピポッと音が鳴ります。

『**カツ丼ぶりを発注しました**』

コンピューターが喋りました。

「しかも、スクロールロックがＯＮのときだけ効果音が鳴る親切設計！　スクロールロックなんて誰も使わないからな！」

スクロールロックは、知る人ぞ知る地味な機能です。キーボードのScroll Lockキーを押すと、スクロールロックのオンとオフを切り替えることができます。しかし、これが役に立つのはExcelで、シートをスクロールしたいときぐらいです。通常、矢印キーを押すとアクティブセルが移動するだけですが、スクロールロックをオンにすると、矢印キーでシートをスクロールできるようになります。ま、こんな地味な機能を知っている人の方が少ないですから、スクロールロックなど誰も使わないのです。

少佐は両手を挙げ、ドヤ顔で吠えます。

「どうだ、論理的だろ！　私の作ったOSは！」

オペレーティングシステムとな。はて、そんな大それた開発案件なんてあったでしょうか。

「……仕事してください」

思わずそんな言葉が漏れてしまいました。仕事せずに遊んでやがりますね、この人。顔を上げた労力を返せ。

少佐は不満そうに「えー？　おま言うー？」と、口を尖らせます。何やらまるで私が仕事をしていないとでも言いたげな表情。それは不当な評価です。反論しようと口を開いた瞬間、電話の呼び出しベルに遮られました。

でも私、電話苦手なんですよね。相手の声、上手く聞き取れないし。ひとつ、ため息です。

「はーい……システム祝園ぅぇーす」

はぁ、ダルい。

『國鉄公安の篠山《ささやま》と申します。いつもお世話になっております』

「えっ、外線!?」

しまった！　血の気が引き、浮遊感を伴う眩暈が襲います。そういえば、外線のベルでした。

……私としたことが。たまに広報課の外線が埋まっているときに、こっちに流れてくるのです。

「あ、お、お世話になっております」

慌てて取り繕うものの、まぁ、「The festival is over《あとのまつり》」ってやつですよね、これ。ところが、電話の相手の予期せぬ反応に、私は耳を疑いました。

『……あれ、アカネ？』

「え」

誰だっけこいつ。そんな知り合いはいないはずです。民営化に頓挫して、酷鉄などと揶揄され、もはや死に体の國鉄に就職しようという物好きなんて。

発信番号を調べると、社内の緊急連絡先一覧にありました。姫路駅の國鉄姫路鉄道公安室。

確かに國鉄からの連絡のようでした。

『やっぱアカネだ！　ごぶさたー！　ささみんだよー。今日は姫路に来てるんだー』

　このヘラヘラとした軽薄でお気楽な口調の御仁。

「へっ」

　思い出しました。こいつ、高校と大学が同じだった人です。

『あ、そうそう、私、國鉄就職したんだ！　日本國有鉄道大阪鉄道管理局営業部公安課情報システム班、公安員の篠山《ささやま》砂沙美《さ　さ　み》であります！　よろしくねー！』

　彼女はけらけらと笑います。

　確かに拳銃ぶっ放したいとか言ってるヤバい奴でしたが、まさか本当に鉄道公安職員になるとは。まあ、日本国内で合法的に拳銃を携帯したいだけならそれが事実上の最短ルートですが。

「……はあ、失礼ですが、ご用件は」

『もーつれないなぁ。よいしょっと』

何か布がすれる音。まさかこいつ、ソファに寝そべっていたんじゃ。羨ましいぞ酷鉄……もとい國鉄職員……。

『でね、本題。ここだけの話』

急に口調が変わりました。

『今朝からアラートが止まらないんですよ。そちらのシステムから中途半端なデータが何度も大量に転送されてきてて』

その音声は、一旦脳を通り過ぎてゆきました。数秒後、私は事態の深刻さを理解します。

「ええっ⁉」

今の話、相当ヤバいんじゃ。バグか、意図的なものかは分かりませんが、社外に迷惑を掛けたならば、一大事です。

篠山は再び気楽な口調で言います。

『あーでも、これ非公式情報ってことで。上司スタンプラリーが超めんどいんだよねー』

こいつ笑ってやがる。

「え、ちょ」

『じゃー、なるはやでお願いねー！』

ガチャリ。

ツー、ツー、ツー。

「あ…はは」

もはや笑うしかありません。

「何があった？」

「ささみんでした」

「ささみん？　ササミカツ？」

少佐は首をかしげます。涎を垂らしながら。

ああ、さよなら、定時退社★

長ぁぁぁぁあい一日になりそうでした。

あぁ……。

緊急会議

午前九時四五分頃。

システム課では緊急会議が開かれました。

「報告して！」

山家課長は、ドンと音を立てて机に両手をつきます。

会議室を飛び出してきたのでしょう。肩で息をしながら報告を求めるその様には、僅かな動揺が滲んでいました。数年前のXP事件を彷彿とさせる光景です。あのときと違うことと言えば、垂水先輩がここにおらず、CIOが代わりにいることぐらいでしょうか。

「ウイルス感染報告！」

先陣を切ったのは少佐です。そして、もったいぶりながら、

「……殺到していません」

と言葉を結びました。

山家課長が耳を澄ませます。遠くで新幹線が通過する音が聞こえました。小鳥のさえずりも聞こえます。しかし、電話のベルは鳴りません。

「むしろ報告がないわね」

それが奇妙でした。予想外の閑古鳥に、戸惑いを隠せません。大規模なサイバー攻撃やマルウェア感染が進行していれば、どこかから報告が湧いて出てくるはずなのです。

「葛城君が脅して回ってるからなぁ……『ウイルス感染したら懲戒処分』だって」

ＣＩＯは葛城取締役の顔真似をしています。地味にクオリティが高いのがウケます。対する山家課長は呆れ顔です。

「……何とかしてくださいよＣＩＯ」

「無理だよぉ、あいつ労組幹部出身だから手強いんだ……」

情けない声で自己弁護に走る御年六十六歳のおっちゃん。山家課長のこめかみに青筋が浮かびました。

「……そうですか」

「俺悪くないよぉ……」

長年の習わしで第一労組の元幹部が総務部長を経て経営陣入りすることになっており、毎回、声が大きい人ばかりが選ばれるのです。ぶっちゃけ、私は葛城取締役は苦手です。功を焦り、人を怒鳴り散らしてくるタイプの御方ですから、それはもういろんな苦い経験が。

課長はしばらくホワイトボードを眺めたあと、私たちに振り向きました。

「仕方ない。掴んでいる情報を整理しましょう」

まずは少佐が報告します。

「はい。國鉄への駅・運賃情報転送処理が、異常終了を繰り返しています。ログによると午前八時頃から、数秒に一回の頻度です」

続いて私。

「九時三五分に國鉄からの要請を受け、五分後に専用回線を遮断しました」

「関係部署にヒアリングは?」

私は山家課長の問いに肯定します。

「はい」

『何もないよ、ホント、ホントぉ、普通普通、アハハハハ』

「——とのこと」

他の部署も揃いも揃ってこんな反応でした。

「隠ぺいの香りッ……」

と、少佐は真実に気がついた名探偵かのような表情を見せます。いや、誰が聞いても隠ぺいでしょうよ。

「他のシステムはどう?」

「全体的に重めです。サーバーによってばらつきがありますが」

一方、私はログを流し読みしていました。

それぞれのサーバーに順番にログインしては直近のエラーメッセージを探します。こういうときに、ログ集約ができていれば良かったのにと思います。ですが、そんな予算を割けず、故に子会社にも依頼できず、内部でやるにも少人数体制で時間を捻出できないのです。

人事システムのDBサーバーのログを確認しているときでした。

```
ERROR: deadlock detected
DETAIL: Process 74656 waits for ShareLock on transaction
54973400; blocked by process 1701.
```

「あ、デッドロックが起きてます」

「どこ?」

「人事システムです」

バッチ処理サーバーのログを確認すると、月初の人事情報配信バッチでエラーが起きているようでした。

「人事システムの月次処理です。アクセス急増で潜在バグが出たみたいですね。今朝から連携サーバーへのデータ配信が滞っています」

「人事……だから、今朝……」

「はい」

山家課長と私には思い当たる節がありました。

それは今朝のことでした。私はいつものように列車を降り、改札機のＩＣリーダーに社員証を当てました。この社員証はＩＣ社員乗車証も兼ねており、京姫鉄道の社員であれば自由に改札を出入りできるようになっています。しかし、ピッと音が鳴った後、少しの間を置いて、ピーンポーンとエラー音が鳴りました。

『人事情報に登録されていません』

改札機の小さなディスプレイにはそんなメッセージが表示されていました。

バタリと閉じた改札機の扉が、下腹部にクリティカルヒット。

「ぐえっ」

私の身体は宙に舞い、先に倒れていた英賀保芽依の上に叩きつけられました。それからしばらくして、同じように山家課長も自動改札機の犠牲者となったのです。

「あれは悲しい出来事でした……」

いろんな意味で。

最初は英賀保が固有スキル・アルティメットバグトリガーを発動させたのかと考えていました。しかし、人事システムに障害が発生していたとすれば、話は別です。

少し仕様の話をしましょう。

自動改札機には、毎朝の起動時に、サーバーからネガデータ（ネガティブデータ）と呼ばれる情報が配信されます。要はブラックリストです。そのデータには不正乗車や再発行などによって無効化されたＩＣカードのＩＤが含まれ、不正利用を防止する仕組みです。

補足

現実の世界のＳｕｉｃａにもこのような仕組みがあります。二〇一七年十月十二日朝、自動改札機のプログラムの不具合により、特定の条件を満たすようなネガデータを正常に読み込めず、自動改札機四三七八台に影響する大規模障害が発生しました。

https://www.itmedia.co.jp/news/articles/0710/12/news117.html

http://www.jst.go.jp/crest/crest-os/osddeos/dcase/case4-data.pdf

加えて、弊社の場合は、通称ポジデータ（ポジティブデータ）が配信されます。こちらはホワイトリストです。毎朝、ネガデータとともに、有効なＩＣ社員乗車証のＩＤが全件配信されるようになっています。このポジデータに含まれないＩＣ社員乗車証は、すべて無効として取り扱われます。ＩＣ社員乗車証は不正利用されたときの被害が大きいため、厳しめの判定ロジックになっているのです。

ところが今朝は人事システムの月次処理で、障害が発生していました。その影響で日次処理が遅延し、所定の時刻までに、本日の人事情報が改札機管理サーバーに届きませんでした。その結果、空のポジデータがすべての改札機に転送されたものと推測されます。結果、すべての社員乗車証が無効扱いとなり、我々は悲惨な目に。

まあ、弊社の場合、鉄道関係のシステムは鉄道事業部の管轄ですから、我々、広報部に居候しているシステム課は基本ノータッチなのです。苦情が来てないならノープロブレム。

「ネットワークトラフィックは？」

山家課長の問いに、少佐が答えます。

「集計中ですが、平常よりもかなり多いです」

「例えば、パケットがループしているとか？」

弊社の社内ネットワーク障害あるあるベスト一位にあらせられるのが、パケットのループことブロードキャストストームです。

この時期、席替えとか人事異動のときにね、よく、あるんですよ、ええ。だから真っ先に疑うのはブロードキャストストームです。

しかし、少佐は否定しました。

「違うと思います。ARPは平常通りです」

ARPと言えばブロードキャストを用いる通信プロトコルの代表格です。その通信量が平常通りということは、ブロードキャストストームではないと考えてほぼ間違いないでしょう。

「じゃあ、何が増えているの？」

ネットワークトラフィックとは、一定時間内にネットワークを流れる通信の量のこと。

イーサネットなどのレイヤ2プロトコルのプロトコルデータユニットは、正確には「パケット」ではなく「フレーム」と呼ばれます。

解説 ブロードキャストストーム

ブロードキャストストームは、LANの接続にループが形成された場合に発生する現象です。例えば、一本のLANケーブルのケーブルの両端を同じスイッチングハブに挿してしまったときなどに発生します。ブロードキャストストームが発生すると、ネットワーク内のすべての機器で通信が困難となります。なぜそのような現象が起こるのでしょうか?

ブロードキャストとは、同じ通信内容を、ネットワークに接続されたすべての機器（コンピューター、ネットワークプリンターなど）に対して一斉送信する通信方法です。ブロードキャストの際には、「ネットワーク内の全機器」を宛先として通信内容を送信します。その「ネットワーク内の全機器」宛の通信をスイッチングハブが受信した場合、スイッチングハブは受信したものと同じ内容を他のすべてのポートから再送信します。このような単純な仕組みでブロードキャストは実現されています。

もし、LAN内に一つでもループが形成されていた場合、どのようになるでしょうか。そのループを同一のブロードキャストフレームが無限に巡り続けることになります。なぜなら、スイッチングハブが再送信した通信内容を再びそのスイッチングハブ自身が受信し、その内容をすべてのポートから再送信し、それをまた受信し、また再送信し、また受信し……と無限に繰り返されるためです。その結果、無限増殖した通信内容が嵐の如き勢いでネットワークを占拠し、他の通信が正常に行えなくなってしまいます。この現象をブロードキャストストームと呼びます。

ブロードキャストストームへの対策は、タグなどを活用した**誤接続防止**と、STPなどを用いた**発生リスクの低減**、そして、ネットワーク分割による**影響範囲の局所化**です。

@ITの連載記事も併せてご覧ください。
こうしす！ こちら京姫鉄道 広報部システム課 @IT支線（16）：嵐を呼ぶ男
https://www.atmarkit.co.jp/ait/articles/1909/12/news014.html

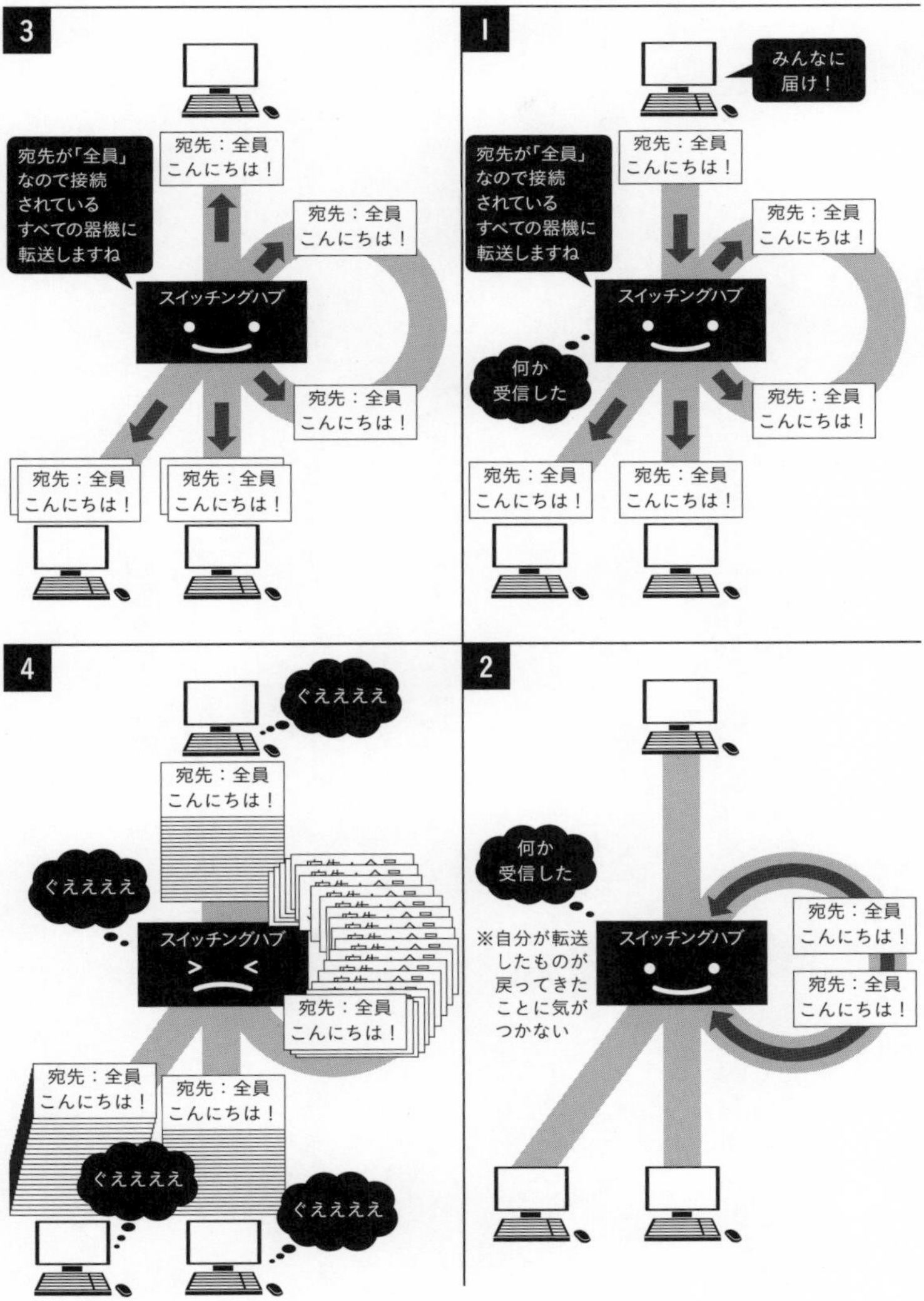
1
みんなに
届け！
宛先：全員
こんにちは！
宛先が「全員」
なので接続
されている
すべての器機に
転送しますね
スイッチングハブ
何か
受信した
宛先：全員
こんにちは！
宛先：全員
こんにちは！
宛先：全員
こんにちは！
宛先：全員
こんにちは！
2
何か
受信した
※自分が転送
したものが
戻ってきた
ことに気が
つかない
スイッチングハブ
宛先：全員
こんにちは！
宛先：全員
こんにちは！
3
宛先：全員
こんにちは！
宛先が「全員」
なので接続
されている
すべての器機に
転送しますね
スイッチングハブ
宛先：全員
こんにちは！
宛先：全員
こんにちは！
宛先：全員
こんにちは！
宛先：全員
こんにちは！
4
ぐえええええ
宛先：全員
こんにちは！
ぐえええええ
スイッチングハブ
宛先：全員
こんにちは！
宛先：全員
こんにちは！
宛先：全員
こんにちは！
ぐえええええ
ぐえええええ

「ＨＴＴＰです」

「ＨＴＴＰ!?」

山家課長は目を見開き、少佐のＰＣの画面を覗き込みました。

「主に社内ＰＣから社内サーバー宛のトラフィックが、平常時の数十倍以上あります」

ぞわっと背筋が。

悪い予感がします。なぜならＨＴＴＰは主にＷＥＢサイトを閲覧する際の通信方式ですから、ブロードキャストストームのように過失で通信量が急増する類のものではないからです。

そういえば、今朝の朝礼も関係しているのではないでしょうか？

「今朝の映像配信も含めてませんか？」

「いや、配信元のＰＣは除外している。それにパケットの宛先は配信サーバーに限らない。無差別的な感じだ」

「なんと」

慌ててプロキシサーバーのログを確認します。社内からインターネットへのＨＴＴＰ／ＨＴＴＰＳ通信は一旦このサーバーを通過しますから、外部への影響を確認するならこのサーバーのログを確認するのが手っ取り早いからです。

……あっ。

ログファイルのサイズがやたら肥大化しています。そして、その中には社外のＷＥＢサイトへの大量のアクセスが記録されていました。帰ってもいいですかね。私は何も見なかった。

……まぁ、そんなわけにはいかないので、私は課長に報告しました。

「一部はプロキシ経由で社外にも流れています」

「マルウェアの痕跡は⁉」

課長は焦りを隠せません。マルウェアの仕業なら、大規模感染が疑われるからです。

私はプロキシログを確認します。

「ぱっと見、変なドメイン名はなさそうです。アクセス先のドメイン名はYouTubeが一番多いですね」

見るだけで気力が失われていきます。

「YouTubeが多い？　まあ、いつも通りではあるけど……。クライアントＰＣはどう？」

これには少佐が答えます。

「既に何台かリモートデスクトップで確認しましたが、今のところ、不審なプロセスもファイルも見つかりません。単にプロセス一覧をざっと見て、セキュリティスキャンしただけですが」

ではなぜアクセスが急増しているのか……。ルートキットのように容易に見つけられない類のマルウェアなのでしょうか。しかもYouTubeで再生数工作する類の。ワケが分かりません。

「……不気味ね」

山家課長は顎に手を当てます。

「何も確証はない。でも、念には念を」

そう呟いてから、課長は少佐の顔を見ました。

「少佐君、業務系ＬＡＮからインターネットへの通信を遮断するわよ」

「はい」

続いて私に言います。

「祝園ちゃん。リスク管理、広報課に連絡。グループウェアで一斉通知」

「はい」

最後に中舟生ＣＩＯに、課長は承認を求めました。

「よろしいですね？　ＣＩＯ」

ぼんやりと突っ立っていたおっさん……もとい、ＣＩＯは、突然我に返ったように、不安げな表情を浮かべました。

「予約サイトに影響は？」

指定席の予約サイトがストップすれば旅客への影響も避けられず、もちろん機会損失は計り知れません。実際、私は以前緊急措置として基幹ルーターのＬＡＮケーブルを抜いたことがあるのですが、まあ、それはそれは大変なことになりました。

「今のところはありません。社内ＬＡＮから外部向けの通信を遮断するだけですので。ただ、状況次第では」

それを聞いた、ＣＩＯの顔は青ざめました。

「また、それかよぉ」

昔私がＬＡＮケーブルを抜いた件が脳裏をよぎったのでしょう。

しかし、本当に恐ろしい事態は、英賀保芽依の周囲で起ころうとしていました。

全列車停止せよ

英賀保芽依 SIDE

午前九時五〇分。

姫路総合指令所、それは京姫鉄道の心臓部。邪魔な柱さえなければ、ちょっとした室内スポーツができそうな広さだ。部屋の端から端まで一番長い場所で六十メートル以上もある。壁一面にびっしりと巨大スクリーンが並べられ、路線図と列車の在線位置がリアルタイムに表示されている。ずらりと並ぶ指令員は液晶画面と睨めっこしていたり、無線や電話で連絡をしていたりと様々だ。

見慣れた姿もある。敬川さんだ。忙しそうにパソコンのメンテナンス作業をしている。私は今朝の件で申し訳ない気持ちになった。忙しいところお手を煩わせてしまった。

自走装置付きのパキラの植木が駆け抜けていく。その音で我に返った私は、カメラマンと記者を予定の位置まで案内した。

この指令所は、京姫鉄道本社ビルの二階・忘れ物窓口の奥にある。しかし、そのことはテロ対策もあり一般には公表されていない。それは従業員にも徹底されており、実際バレバレではあるが正式に場所を知らされている従業員は多くない。かくいう私自身もここに入るのは入社以来二度目だ。ましてや、マスコミに取材が許可されることなど滅多にない。今回はサイバーセキュリティ対策をアピールできる絶好の機会とあって、特別に許可が下りた。

私にマイクを向ける神戸テレビの御来屋《みくりや》みく記者。

彼女にはよくお世話になっている。それが唯一の救いだった。もし初対面だったならば手の震えが止まらなかったことだろう。

ただ、彼女の優等生のような雰囲気は少し苦手だ。黒縁メガネに、七三分け。きょうび銀行員や役人でもこんな奴おらんやろ、という感じだ。この雰囲気に気圧されると、緊張で喉がカラカラに渇く。

それに、いくら顔見知りとはいえ、あとでどう編集されるかは分からない。自ら変なことを言っていないか、あるいはうっかり機密事項を話していないか、あとでチェックする必要もある。もしあれば、放映前に訂正の連絡を入れる必要がある。だから、ポケットにはＩＣレコーダーを忍ばせてある。広報担当の基本だ。

準備が整い、和やかな雰囲気で収録が始まった。

「サイバー攻撃対策として、どのような備えをされていますか?」

　準備してきた内容を暗唱する。

「はい。まず、攻撃を受けることがないよう、列車の運行を管理するシステムは、ネットワークを隔離しております」

　大きなレンズを向けられた私は、控えめに言っても、かなり緊張している。笑顔を作ってはいるけれど、ちょっと頬が吊りそう。たぶん目が充血している。化粧は崩れてないだろうか。

「しかし、スタックスネットの事例のように、隔離されたネットワークでも攻撃を受ける可能性が指摘されています。もし、そのような攻撃を受けたとしたら」

　私は正直セキュリティのことなんか分からない。ただ、取材を受けるにあたってシステム課のアカネちゃんにも色々教えてもらった。自分でもインターネットで調べたりもした。

　スタックスネットの事例とは、どこかの国の核施設がサイバー攻撃された事例だという。インターネットから隔離された場所でも、USBメモリを経由して、ウイルスみたいなものに感染させられた。その上、重要な装置の制御を狂わせて、その装置を破壊した。そんな感じのことらしい。つまり御来屋さんの質問には、単に感染するだけでなく、列車事故が起きるのではないかということも含まれている。

「はい。お客様の命を最優先に、何か起きた時には直ちに列車を止めることを原則としております。弊社の場合、システムに異常を感知すると、直ちにすべての信号機が赤に変わり、非常停止を指示する無線信号が全列車に対して発信される仕組みになっております」

仕組みや名称は異なれども、指令所から全列車に対して一斉に停車を指示する仕組みは同業他社にも存在する。しかし、システムの正常性を常時チェックするのは弊社独自の仕様だ。弊社自慢と言っても過言ではない。

例えば、数秒おきにシステムをチェックして、システムからの返事がなくなった場合に『正常性を失った』と判断し、自動的に発報される仕組みらしい。でも、詳しいことはよく分からないので、もし御来屋さんに質問されたらどうしようと、内心ドキドキしている。

「無線信号。ちなみに、どのような」

「ピピピ」

「ピピピ？」

御来屋さんは怪訝そうに首をかしげた。だが、本当にそう説明するしかないのだ。さらに私が「ピピピ」と返答した瞬間、空気を読んだかのように、ピピピピピピピピという音が指令室内に響いた。そう、こんな音だ。……え？

指令室がすっと静まりかえった。

「**非常発報！**」

非常発報

指令員の声が響く。

「この指令所からです」

非常発報の赤いランプが灯っている。

万能倉《まなぐら》まな統括指令長は、すぐさま指令員に駆け寄った。

「まじかよ」

列車の中では

垂水結菜 SIDE

気・第２１０３Ｄワンマン列車は、西野々駅を定刻で発車し、東福住信号場までの単線区間を運転していた。東福住信号場は、専用線への分岐点であるが、当該専用線が休止中であることから、現在はもっぱら閉塞区間の境界として運用されている。

「場内、進行！」

運転士は場内信号機が進行（青）を現示していることを確認。この信号場では、出発信号機の設置が省略されているため、この場内信号機は出発信号機の使命を兼ねる場内信号機である。

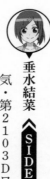

――この引き込み線、欲しいなぁ。大昔の糞尿列車の名残で、どうせもう使わないんだから。

ところが、列車が場内信号機に接近した時、突然、防護無線を受信。同時に場内信号機の現示が停止現示（赤）へと急変した。

ピピピピピピピピピピピ――

「って、ええええええ!?」

運転士は直ちに非常ブレーキを使用。しかし、前方に対向列車を目視確認できないことから、運転士は場内信号機内方のポイントに異常が発生したのではないかと推測。脱線転覆を避けるため、何としてでもポイントの手前で停車しなければならないと考える。

「**止まれえええええ**」

列車は既に場内信号機の外方約九十メートルの地点まで接近していたため、減速が間に合わないと判断。運転士は、緊急防護スイッチを使用し、防護無線発報、汽笛吹鳴、エンジン緊急停止の列車防護措置を行う。

列車はＡＴＳ直下地上子を通過し、ＡＴＳベル・チャイム鳴動。

ジリリリリリリリリリリリ――

キンコンキンコンキンコンキンコン――

列車は停止信号を冒進し、場内信号機の内方約二百メートル地点で停止した。

指令所

英賀保芽依 SIDE

一瞬の静寂の後、指令所はどっと賑やかになった。あちらこちらで大声が飛び交う。

「システム異常検知か⁉」

「はい」

万能倉《まなぐら》統括指令長の問いに、女性の指令員が答える。確かあの人は膳所《ぜぜ》という名前だ。安全広報ポスターの取材に協力をお願いしたことがある。

続けて、男性の指令員が報告する。確か、敦賀《つるが》か南今庄か何かそんな感じの名前の人だ。

「信号冒進多数！　防護無線も発報されてます！　本線４３１Ｍ、４４１Ｍ、２１０３Ｄ……」

「出発信号機が停止現示に急変したとの報告が来ています。手柄山駅、姫路駅、京鉄園部駅……」

そして、三神姫《さんしんき》線の指令長が、背後から報告する。

「三神姫線も現示急変で信号冒進多数です！」

万能倉統括指令長は手を挙げて応じると、指令員に対して釘を刺した。

「運転整理のアレ起動すんなよ!?」

「あんな重いの使いませんよ!」

——ええ、私、何もしてないよ!

いくらデジタル機器に嫌われていると言っても、今回ばかりは何もしていないはずだ。それなのになぜこんなことが、よりによって、取材の日に。御来屋さんは、鋭い目つきで何かを私に質問し続けていた。

情報共有の停滞

垂水結菜 SIDE

一〇時五〇分頃。気・第２１０３Ｄ列車車内。

私、垂水結菜は、臨時の運転士として42行路を担当していた。今日は相棒のキハＫ20―５２２と、手柄山と京鉄園部を二往復する予定だった。しかし、さすがに信号機トラブルは予定外だった。急ブレーキで車輪にフラットができているだろう。運転再開しても、乗り心地は最悪だ。ダイヤ変更に振り回されることにもなるだろうし、乗務が終われば今度は信号冒進の件で報告書と有難い教育が待っている。それを思うと憂鬱だった。

——せっかく、営業列車を運転できるのに。

ちなみに、京姫鉄道では人手不足のため、動力車操縦者運転免許を持つものは、内勤でも姫路総合運輸区と二重在籍することになる。そして、普段は時々訓練を兼ねて回送列車を運転するが、災害時やストのときは営業列車にも駆り出される。私は普段は広報部システム課で働いているが、今日は第二労組がストを起こしてくれたおかげで、運転士として営業列車に乗務することになった。そんな良い日だったのに、こんなトラブルに巻き込まれるなんて。

信号を冒進してから一時間が過ぎた。輸送指令からの指示に従い場内信号機の外方に退行したが、それ以降、輸送指令からは一切の連絡がない。異常時取扱マニュアルのチェックリストも、あとは運転再開を残すばかりなのに、それがもどかしかった。

応答を信じ、列車無線の受話器に耳を当てて待つが、やはり輸送指令からは梨のつぶてで

動力車操縦者運転免許とは、電車や気動車などの鉄道車両を運転するために必要な免許のことです。

ある。

その時、若い声が私を呼んだ。

「あの」

振り向くと、そこにはボブカットの小柄な女子高校生の姿があった。彼女は苛立ちを隠せない様子で、私に尋ねる。

「一時間も止まってますけど、どうなってるんですか⁉」

ご尤も。思わず目を逸らす。

「すみません……新しい情報がなくて……」

むしろ、それを知りたいのは私の方だ。

彼女は、なおも、むすっとした表情を浮かべている。私から何か情報を引き出せないかプレッシャーをかけているのだ。

中学生のようにあどけない顔だが、間違いなく高校生だ。制服から学校名まで当てられる。私立姫路工科大学附属加古川高校。なぜかって？　それは私が昔受験で落ちた高校だからである。くそう。くそう。頭の良い奴はこれだから。

心の中のもやもやをぐっとこらえ、思い直す。なぜ加古川の高校生が、しかも春休みに制服姿で、篠山の隅っこにいるのか考える。

――んー……コスプレ？

そんなはずはない。同じ制服の乗客は彼女だけではないからだ。つまり、彼女たちは部活の合宿か何かの帰りなのだろう。早く家に帰りたい気持ちは分かる。苛立つのは当然だ。

私は無線で輸送指令に呼びかける。

「こちら２１０３Ｄ運転士。輸送指令どうぞ？」

『……』

「輸送指令、こちら２１０３Ｄ運転士。どうぞ？」

『……』

もしかして無視されている……？

こうなったら奥の手だ。もし狸寝入りなら、確かめる方法が一つだけある。

「輸送指令のバーカ」

『こちら輸送指令、**今バカって言った運転士どうぞ⁉**』

ふふん、チョロい。ちなみに、この指令員の声は従姉である。勝手知ったる何とやら。

「こちら２１０３Ｄ運転士。運転再開はまだですか」

『こちら輸送指令、２１０３Ｄ運転士、輸送管理システムのトラブルで』

声が疲れている。だいたい状況は分かった。こりゃ本格的に全線でトラブってるようだ。この調子では駅員は怒れる旅客に吊るし上げられていることだろう。だからこそ、正確な情報が必要なのだ。

「それは一時間前にも聞きましたよ。トラブルって何なんですか。何が起きて、今どうなってるんですか⁉」

まくし立てるように尋ねる。無線の向こう側で、困ったようなため息が聞こえた。

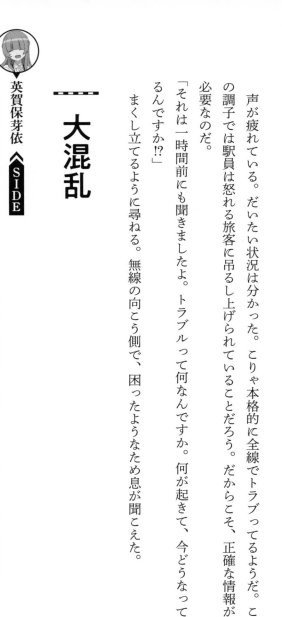

大混乱

英賀保芽依 SIDE

指令所の空気はピリピリとしている。時々飛び交う怒号、そわそわとした声の調子。

万能倉統括指令長は、指令所を歩き回りながら情報を集めている。というよりも、歩き回れば自然と報告が集まるのである。皆、彼女を信頼している。それが一目で分かった。

万能倉統括指令長は、ガラは悪いが冷静な口調だ。というよりも普段通りガラが悪いので冷静さを失っていても分からない。彼女は本人曰く元ヤンであるが、金髪で眉間にしわを寄せている風貌は、もはや現役そのものである。しかし、姉御肌で部下の信頼は厚く、持ち前のリーダーシップを発揮し、色々なトラブルを乗り切った実績が評価されている。若くして統括指令長の地位に就いたのも頷ける。

京姫鉄道の良いところは、奇抜な人物も大きな実績を残せば年功序列をすっ飛ばせることだ。その反面、悪いところは、マネージャーとしてはてんでダメな人までもが上に上がるハズレのケースの方が多いことだけど。その点、万能倉統括指令長はアタリのパターンだと思う。

指令員の膳所さんが、万能倉統括指令長に報告する。

「問合せがパンク状態です」

「知るかよ。こっちが一番知りたいんだよ!」

統括指令長は苛立ちを隠せない様子だ。

本来は路線図が表示されているはずの大スクリーンには、禍々しく、赤い警告マークとエラーメッセージだけが表示されている。何がどうしてこうなったかは分からない。ただ、深刻なトラブルが発生したということだけは理解できる。

ついに統括指令長はしびれを切らせ、打ち合わせ用の島にカチコミに向かった。

「どうなってんだよ、なー、まじで」

そこで会議していたのは信号通信区の人たちだ。皆、深刻そうな顔で資料を眺めていた。信号通信区は、鉄道の信号や通信設備などを担当する部署で、弊社の場合は、輸送管理システム全般の保守運用も担当している。真っ先にトラブルの原因を疑われるのは彼らだ。

統括指令長は噛みつかんとする勢いで尋ねる。

「信号通信区は何してんだよ。ああん？」

応じたのは信号通信区の八橋《やばせ》さんだ。普段から気弱そうな人だが、今はもはや生気を失っていた。

「……ＫＩＴＳ《キッツ》さんと各ベンダーさんに調査を依頼してまして……」

ＫＩＴＳとは、子会社の京鉄ＩＴソリューションズ株式会社のことだ。

八橋さんでは、らちがあかないと判断したのだろうか。統括指令長の怒りの矛先は隣の人物に向かった。ＫＩＴＳの敬川さんだ。

「おい、ＫＩＴＳの有耶無耶《うやむや》ァ」

「敬川《うやがわ》です」

「てめえ、何か知ってるだろ。お前知ってるぞ、輸送管理システム更改プロジェクトの時に」

「……今は端末保守しかやってませんし、それに、何も明確なことは……」

「まさかウイルスじゃねーだろーな」

「それも見つからないというのが現状でして……」

「チッ！　ざけんな」

分厚い雨雲が信号通信区の皆の上に立ちこめていた。もはや祈るような表情だ。

『もしウイルスなら懲戒処分か……やだなぁ』

『キャッシングリボがぁ……キャッシングリボの支払いがぁ……』

そんな心の声が聞こえてくる気がする。

御来屋さんは、思い出したかのように私にマイクを向ける。

「これはどういった状況なんでしょうか……」

私はうろたえた。

「えっと……あの……」

きっとウイルスだ。私のせいなんだ……私のせいで……。きっとバレたら私だけじゃない、課長のクビも飛ぶかも……。

『他人に迷惑をかけないようにしなさい』

余部課長の言葉を思い出した。色々な人に迷惑をかけている。指令所の全員、現場の乗務員や駅員、そして何よりお客様に。

――ううう、どうしよう、どうしよう、どうしよう。

いまさらこの場でウイルスが私のせいだと口に出したところで何も解決しない。アカネちゃんにも迷惑をかけるわけには……。

あれ。

……。

………。

なんで、アカネちゃんに迷惑をかけてはいけないんだっけ?

そうか! アカネちゃんは『他人』じゃない! **アカネちゃんに頼ればいいんだ!**

「これは訓練ではな――」

「すみません!」

私は、御来屋さんの声を遮って、電話に飛びついた。ダイヤルするのはシステム課の内線番号だ。だが、指先が震えて、ボタンを上手く押せない。

ようやく、電話の呼び出し音が鳴った。受話器を握る手がかたかたと震えている。コール一回一回が永遠のように感じた。

電話が繋がった。その息づかいでアカネちゃんだと分かった。涙が溢れそうになる。

「アカネちゃーん！」

『ほい来た』

電話の向こうから、いつもの呆れ声が聞こえた。

情報共有

祝園アカネ SIDE

これが二十代半ばの人物の態度だとはなかなか信じがたいものがあるのですが、私が指令所に到着するや否や、英賀保芽依は私の肩にすがりついて離れませんでした。

「私が悪いんだ……私が悪いんだよぉ……」

彼女は嗚咽します。

「落ち着いてください」

私は彼女の背中を撫でながら、できるだけ優しい声で語りかけました。

「大丈夫、自首すれば罪は軽くなります」

「私、何もしてないよ！」

即答でした。こいつ、自己矛盾してやがりますね。

私は彼女を宥めながら、状況を簡単に聞き取りました。今朝の出来事から順に。

……。

はい。もっと早く想定しておくべきでした。

心の中で、英賀保芽依だけは、何かあれば即座に連絡してくれると思っていたのです。連絡がなければ大丈夫。大きな事件ではない。そう思い込んでいました。

ですが、甘かった。葛城取締役の悪影響とはいえ、こいつの周りで起きたインシデントを握り潰そうだなんて、広報課の余部課長は何てことをしてくれたのでしょう。

私は早速、山家課長に報告することにしました。

「なんか輸送管理システムもトラブってるみたいです。全線運休です」

『ええ⁉』

電話の向こうで、山家課長が一瞬、言葉を詰まらせました。

『……あっちは管轄外だから情報が……』

課長は通話をオンフックに切り替えます。

少佐の声が聞こえて来ました。

『同一事象でしょうか』

『もしそうなら、可能性は絞り込まれる。輸送管理系と情報系・業務系はネットワークは分離しているでしょ。両方のネットワークに接続しているのは、認証サーバーと端末向けのアップデート配信サーバーぐらい……それが、マルウェアに感染？』

『でもマルウェアは見つかっていません。それに、もう一つ可能性があります。内部犯が故意に攻撃しているという可能性が』

『……！　……そうね、あっては欲しくないけど』

明確な故意が疑われるならば、証拠の保全をしなければなりません。刑事手続きを想定するならばノータッチで警察に任せるべきですが、今はそんな悠長なことを言っている場合ではありません。

しばらく話し合った後、弊社のシステム子会社ＫＩＴＳの夢前《ゆめさき》係長が呼び出されました。以前ＫＩＴＳに出向していたときの上司です。当時は課長代理だったはずなのですが。

夢前係長は言います。

『ログですか？　保存期間はバラバラです。一部は、もう消えてるかも』

対する山家課長の困り顔が目に浮かぶようです。

『でも、まだ重要な痕跡が残っているかもしれない。私は夢前係長とログをかき集めて保全します。中舟生ＣＩＯ』

『お、おう』

『葛城取締役に気付かれないように、上手く社長に報告してください』

『ええ、俺が……』

『……』

山家課長はどんな表情を浮かべたのでしょうか。ＣＩＯはすぐに聞き分けが良くなりました。

『わ、分かったよぉ』

続いて山家課長は少佐に言います。

『少佐君、祝園ちゃんのサポートに回って』

ちょっと待った。

「あのー私、そっちに戻ってもいいですか？　ここ、雰囲気最悪なんですけど」

『待って。祝園ちゃんはそこにいて、輸送指令と情報を共有して』

「えぇー……」

『いい？　システムはコンピューターだけじゃない。人まで含めてシステムなの。ユーザーに適切に現状を伝えることも、エンジニアにとって大切な役割よ』

連絡を阻害しているのは誰か

一一時〇〇分頃。

嫌なことはちゃっちゃと終わらせてしまいましょう。これも定時で帰るためです。

私は統括指令長の万能倉さんに話しかけました。

「あ、ども。広報部システム課の祝園です」

「あ？　なんだてめぇ、広報が何の用だ」

苦手なんですよね、この人。身内以外には超厳しいタイプなので……。とりあえず、自虐ネタで場を和ませましょう。

「ども、予算の都合で広報部に居候しているシステム課です」

「知ってら。何の用だ」

ありゃ、和ませ作戦失敗。

鉄道事業部の人に何かを伝えるとき、一つポイントがあります。それは、安全を脅かし得る事態が進行中であるということを伝えることです。そうすれば否応なしに耳を傾けてもらえます。まあ、「輸送指令の馬鹿」と言って喧嘩を売るという手もあるそうですが、それはやめておきましょう。

私は万能倉さんの目を見据えました。

「口頭ですみませんが、皆さんに至急お伝えしたいことがあります」

私は、現に全社的にシステムトラブルが発生していること、そして、コンピューターウイルスは見つかっていないが、何らかの意図的な攻撃である可能性が疑われることを伝えました。

「——というのが現状です。ま、葛城取締役の言葉を借りれば全社員『懲戒処分』って感じの状況ですね」

「間違いないのか⁉」

接近警報。般若が目の前に。しかも唾が数滴顔につきました。ばっちい。

「あの、怖いので、トーンを抑えてもらっても？」

「……間違いないのか」

それは、正直分かりません。システムトラブルや異常なネットワークトラフィックを除けば、確たる証拠はないのですから。でも、進言するからには、確たる態度を示さなければなりません。

「まだ断定はできません。しかし、現に発生している事象を考えれば、経験上、攻撃の可能性はアリよりのアリだと考えています」

すると、万能倉さんの表情が変わりました。

「……！」

さらに私はダメ押しをします。

「もしそうでなくても、ここは最も安全側で行動する必要があると考えます」

私が言い終えると、万能倉さんは苦虫を噛み潰したような表情を浮かべました。

「クソ、なんてことだ……」

踵を返して、八橋に問います。

「サイバー攻撃が疑われる。輸送管理システムは信頼できる状況にない。そう思って差し支えないか?」

「……はい」

「いつから分かっていた」

「……午前九時頃からです」

「もっと早く言えよ! 連絡の徹底、事故の防止、規定の遵守! 名札の裏にあるだろ!」

そう言って、自ら胸のポケットから名札を外し、その裏を八橋さんに見せつけました。八橋さんは青ざめた表情で俯きます。

名札の裏には、クリップ式の差込板が貼り付けられています。その幅が名札の幅程度、高さが胸ポケットの深さぐらい。小さな文字で、三箇条の安全綱領と十箇条の一般準則が記されているのです。

八橋さんは震える声を絞り出しました。

「……すみません」

万能倉さんは、自ら名札の裏に目を遣ります。ところが、何かに気がついたのか、ハッとした表情で、私に視線を向けました。

「誰のせいで、安全が守られなかった……。なぜこうなった……」

その小さな呟きに、八橋さんは震え上がります。

「おい、八橋」

「は、はひ……！」

八橋さんの声が裏返りました。

ところが、万能倉さんの口調は、らしくないほどにか弱いものでした。

「もしかして、私が怖いから、報告を止めていたのか」

「……え、いや、その……。それもあります……。でも、葛城取締役が……」

「……すまない。私が悪かった。私の態度のせいだな。正直に答えてくれたことには感謝する」

万能倉さんの態度の急変に、八橋さんも戸惑いを隠せません。

なるほど。なぜ万能倉さんが部下から厚い信頼を寄せられるのか少し分かった気がします。あそこまで、あっさりと自分の間違いを認められる人はそんなに多くありません。まあ、でもモラハラ系人材である可能性は残されているので要注意ですけどね。

万能倉さんは、部下に振り向き、大きく息を吸ってから、こう宣言しました。

「**全員聞け！**　システム障害及び関連するすべての事象に関し、午前一一時〇五分、ただいまをもって、重大インシデントとして対応を開始する」

『重大インシデント』というただならぬ響きに、指令所は静まりかえりました。ただ、電話のベルと、複合機の印刷音だけが響いています。

鉄道事業法第十九条の二にある『列車又は車両の運転中における事故が発生するおそれがあると認められる国土交通省令で定める事態』が発生したという宣言です。もはや逃げも隠れもできません。

鉄道事故等報告規則
第四条　法第十九条の二の国土交通省令で定める事態は、次に掲げる事態とする。
（略）
七　鉄道線路、運転保安設備等に列車の運転の安全に支障を及ぼす故障、損傷、破壊等が生じた事態
（略）
十　前各号に掲げる事態に準ずる事態

万能倉さんは続けました。

「事故は必ず起きる。それが当然だ。責任事故ゼロ、インシデントゼロ。これは目標に過ぎん。隠ぺいや言葉遊びで実現したゼロに意味はない。今、一番大切なのは、お客様を安全に送り届

けることだ」

悔しそうに口元を歪めます。

「……こんな事態を引き起こしたのは私の責任だ。輸送指令ばかりを贔屓して、壁を作ってしまった。緊急時の連絡が阻害された。これ自体がインシデントだと思っている。いまさら気付くのは、鉄道に関わる一人として情けないと思う。それでも、安全は、全員の協力があってこそ実現できる。だから、力を貸して欲しい。この通りだ」

自らの部下や、信号通信区、その場にいるすべての人々に頭を下げました。それを見た皆は、一般準則第九項が脳裏を過ったに違いありません。

『事故の防止　従業員は、協力一致して事故の防止に努め、もつて旅客及び公衆に傷害を与えないように最善を尽さなければならない。』

反応は二つに分かれました。輸送指令員はあまり動じていませんが、信号通信区や電力区の人はきょろきょろと辺りを見回して困惑しています。普段からの関係性がこういうときに現れますよね。

万能倉さんはさらに続けます。

「今日こそ、日頃の訓練の成果を見せるときだ。全員、異常時取扱マニュアルに従って行動。不測の事態、危険の予兆があれば直ちに私に連絡。誤報でも構わん。事故を未然に防いだ者、減災に貢献した者は、葛城のおっさんにどう言われようが、私の権限で正式に表彰する。**いいな！**」

「はい！」

皆の声が揃いました。そして、それぞれの持ち場に散っていきます。

万能倉さんは少しほっとした表情を浮かべます。

「おい、敦賀、お前を事故記録係に任命する。記録開始」

「はい、記録開始、了解です。映像記録はどうしますか？」

「ちょうど、あそこにカメラがある。協力を要請しろ」

突然ご指名を受けたテレビ局のカメラマンと記者は、あんぐりと口を開けます。まあそりゃそうですよね。というか、英賀保の奴、こんな事態が起きてるのにマスコミを追い払わなかったんですね。

でもまあ、彼らに正式に協力を依頼することは、彼らがこの場に留まることを正当化する理由になります。英賀保の不手際にしないという万能倉さんの配慮でもあるのでしょう。

万能倉さんは、さらに指示を出していきます。

「おい、山口！　マニュアル通り、リスク管理委員会と、近畿運輸局の鉄道部安全指導課に電話で速報。運輸局はどうせいつもの兄さんが電話に出るだろ。質問が多いから予め答え用意しとけ」

「了解。ちなみに、鉄道運転事故ですか？　輸送障害ですか？」

「異例すぎて分からん。『三時間以上本線における運転を支障する』から、両方じゃねえか？」

「では、報告の根拠としては、鉄道事故等報告規則 第五条第一項第五号と、同第二項第一号とします」

「サイバー攻撃の疑いもある。『特に異例と認められるもの』も加えとけ」

そして、万能倉さんは、八橋さんと敬川さんの前に戻ってきました。

「原因の分析は後回しだ。復旧に最悪で何時間かかる？」

「分かりません。まず、ウイルスを特定しなければ復旧のしようがありませんから」

と、敬川さんは他人事のように答えます。

八橋さんが申し訳なさそうな声で補足しました。

「……最悪の場合、一からシステムをセットアップし直します。その場合……早くても復旧するのは明日の始発です。最悪なら一週間は」

「分かった」

万能倉さんは指令員のもとに向かいました。

話を聞いていた膳所さんが尋ねます。

「明日の朝まで運休ですか⁉」

「なわけあるか、馬鹿。……代用閉塞だ」

「代用閉塞⁉　全線で⁉」

　膳所さんが驚くのも無理はありません。ここで言う代用閉塞とは、きっと指導通信式のことでしょう。簡単に言えば、手旗と腕章と電話だけで、信号システムの代わりをするやつです。災害時に一部区間で行われることはありますが、それを全線でやろうというのですから。

「そうだ。訓練はやっただろ。地震で本社と京都支社が倒壊した想定の」

「……マジかぁ」

「マジだ。閉塞方式の変更は事故りやすいから注意しろ」

　そして、万能倉さんは、八橋さんを初めとする信号通信区の皆に対して言いました。

「……五時間だ。五時間だけ稼いでやる。それが限界だ。通勤ラッシュまでに自動閉塞とCTCだけでも切り離して復活させろ」

運転再開

垂水結菜 SIDE

一一時三〇頃。

乗客からの無言の視線に耐えるのもそろそろ限界だった。いつになったら運転再開するのか。正直、ここで客を降ろした方が早い。だが、危険は伴う。過去には、乗客が勝手に線路に降りて大惨事を招いた事例もある。まあ、正直、この状況下で同じような事故が起こるとは考えがたいが、だからといって、規則を破って良いわけではない。さしあたっての問題は、あの不機嫌な少女が暴発しないかということだった。

仕方がないので、彼女の気を紛らわす方法を考えることにした。

大惨事を招いた事例として、常磐線三河島での列車三重衝突事故がある。　http://www.shippai.org/fkd/cf/CA0000604.html

「……猫動画でも見ます？」

「は？」

　怪訝そうな少女をよそに、鞄から業務用のタブレット端末を取り出し、シンクライアント用の仮想デスクトップサーバーに接続して、と——これぐらいは朝飯前である。なんたって本来はシステム課の所属だからだ。あとはいつものようにYouTubeに。

　あれ、インターネットに繋がらない……。プロキシサーバーやルーターまでのｐｉｎｇは通るから、そこから先、ファイヤウォールか何かで寸断されている。まさか、と思ってグループウェアを開く。メンテナンス中を示すページが表示され、システム課からのメッセージが表示されていた。

「ふむ、不審な通信を検知したため、社内ＬＡＮからインターネットへの接続を切断。コンピューターウイルス等の可能性があるため、システム課に連絡求む、かぁ。それで運休？　まじやばいじゃん」

　輸送指令が状況を隠そうとするわけである。いやむしろ、状況を把握できていないのだろうか。そっちの方がマジヤバ。

　……うむむ。

「猫動画はまだですか？」

「は?」

振り向くとブチ切れ寸前の少女の顔が。

「あああ、猫動画、猫動画ですね!」

こうなれば奥の手だ。私物のスマホで、淡路鳴門急行電鉄のすもにゃん駅長の動画を再生する。他社の猫駅長だが、この際仕方ない。

少女は、にゃーんという感じの表情になったので、こうかはばつぐんだったたにゃん。

一息をついたその時、線路の先、遥か彼方に何か動くものが見えた。二足歩行だから鹿ではない。目を懲らすと、それは京姫鉄道の制服を着た誰かだった。

やがて到着したのは、恰幅の良い白髪の男性駅長だった。福住《ふくすみ》駅の月田《つきた》駅長だ。京姫鉄道に勤めていれば、誰もが一度はお世話になったことがある、社内の有名人である。そんな、定年間近のおじいちゃん駅長が、ぜえぜえと息を切らしていた。

私は月田駅長を車内に迎え入れた。

「月田駅長、大丈夫ですか⁉」

「指導通信式で運転再開だ」

そう言う月田駅長は今にも倒れてしまいそうだ。少し心配になる。

月田駅長の肩には、錆びた鉄の輪っかが掛かっていた。タブレットキャリアである。その先端には拳ほどの大きさの小さな入れ物があり、そこに『指導者　福住—東福住（信）』と書かれた赤い腕章が巻き付けられていた。

ちなみに、このタブレットとはタブレットPCのことではない。詳細は割愛するが、私が生まれるより昔に鉄道で使われていた骨董品である。鉄オタ的には今カメラを使えないのが痛恨の極みだ。

規則通り、月田駅長から通告券を受領する。

ところで、月田駅長の言う「指導通信式」とは、信号機が使えないときでも列車を安全に運転するための代用手段の一つである。

鉄道の信号機の役割を考えたことはあるだろうか。答えは簡単。一つの区間に、一つの列車しか進入させないようにすることである。列車はレールの上しか走れず、しかもすぐには止まれない。だから、もし複数の列車が同時に進入すれば、衝突事故が起きてしまう。これを防ぐため、一区間一列車の原則により安全を確保するのである。これを閉塞と呼ぶ。

ITエンジニアなら排他制御に用いる「セマフォ」という言葉を聞いたことがあるだろう。セマフォの元々の語義は鉄道の枕木式信号機などの信号装置である。

通常は自動閉塞信号機と呼ばれる信号機が、この安全を守っている。しかし、今のように、信号機が故障したときはどうやって安全を確保するのか。

基本に立ち返って、一区間一列車の「閉塞」を、人手で実現すれば良い。その一つの方法が、指導通信式である。基本的なアイデアは単純だ。区間ごとに専用の〝バトン〟を用意して、その〝バトン〟を持っている列車しかその区間を走らないことにするのである。

実際にはバトンの代わりに『指導者』として任命された人を用いる。だから**指導**なのである。また、この際、区間の両端の駅の駅長が電話で打ち合わせる。だから**通信**と言う。

シンプルで古典的な手法だが、信号機が使えない今、これが一番安全だ。

月田駅長が線路を走ってきたのは、その区間に他の列車が存在しないことを目視で確認するためである。この手順を怠って大惨事が起きた事例もある。閉塞方式の切替は、とにかく事故りやすい。

通告券を受領した後、私は指令の指示通りＡＴＳのＮＦＢを操作し、マスコンとブレーキ

大惨事が起きた事例として、信楽高原鉄道での列車正面衝突事故がある。 http://www.shippai.org/fkd/cf/CA0000607.html

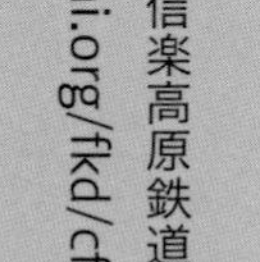

のハンドルを握った。

月田駅長は再び列車を降り、場内信号機の下で緑色の旗を掲げた。

「前方ヨシ！　代用手信号、場内進行！」

月田駅長の誘導により、最徐行で場内信号機の内方へと進入し、再び停車。指令の指示に従い、ＡＴＳのＮＦＢを操作。月田駅長を乗せてようやく運転再開である。安全はとにかく地味で泥臭いことの連続だ。

「前方、ヨシ！」

そして、汽笛を吹鳴。マスコンハンドルを握ると、ディーゼルエンジンは嬉しそうに呻り声を上げ、列車は再び動き出した。

「東福住信号場、通過。二時間五十八分三十秒、延」

動き出した連携体制

祝園アカネ SIDE

《こちら輸送指令、全線区全列車に今後の運転についてお知らせします。輸送管理システムの

復旧に長時間が見込まれるため――》
《あなたの車は次の社町を逆出発――》
《こちら旅客指令です、振替輸送について――》

こうして、京姫鉄道は再び動き出しました。

まあ、輸送指令の練度が高いことはネットでもたびたびネタとなっているぐらいです。全線で指導通信式を施行するのも朝飯前ということですね。閉塞方式だけではありません。列車制御にシステムが介入する余地を完全に排除しました。集中連動装置もシステムから切り離し、可能な限りの転轍機を物理的に鎖錠。必要のない設備への電源供給を停止しました。

もしサイバー攻撃の可能性が早めに判明していたなら、こうした対応も、もう少し早く決断できたことでしょう。何千、もしかすると何万もの人を何時間も車内に閉じ込めなくても済んだのです。

こうした事態に備えて、鉄道事業部と他の部門とが連携する体制は整っていませんでした。私がここにいること自体が、制度上想定されていないのです。私は形式上、信号通信区の外注スタッフとしてここに留まることになりました。

その頃、ようやく社長への報告が行われていました。報告をする山家課長、そして俯く余部課長。対する、葛城取締役は顔を真っ赤にして喚き散らし、社長は顔面蒼白で卒倒――そんな様子だったようです。

そして、広報方針が決まりました。

今日の終電までは『大規模システム障害』とだけ公表すること。そして、想定される原因は明日公表すること。旅客がパニックになる事態を避けるためです。個人的には、変に隠す方がパニックを呼ぶようにも思うのですが、まぁ、マルウェアやサイバー攻撃の確証もありませんし、上の判断に噛みつくほどでもないでしょう。

そして、神戸テレビにもその場で協力を依頼。まあ、あくまでもお願いではありますが、明日以降、記録映像を報道に使用しても良いという交換条件を出したので、納得はしてもらえたようでした。

ただ、英賀保は神戸テレビの御来屋記者に質問攻めにされていました。

「スタックスネットのように、USBメモリ経由で感染したのでは?」

「スタックスネット? USBメモリ???」

英賀保は放心状態で、首をひねっています。あれだけ教えたのに、メッキが剥がれるのが早いですね。仕方がないので助け船を出します。

「システム課の祝園です。その可能性は否定できませんが、あまり高くないと思います。少なくとも、ここにある端末は、USBポートにキーボードやマウス、専用機器など、ホワイトボードに登録されたものを除き、接続しても認識しないよう設定されているので」

Windows 10ベースとはいえ組み込み用にカスタマイズされているＯＳです。マスストレージクラスも、ＭＴＰやＰＴＰも使用できないよう制限されています。それに、情報を持ち込もうと思えば別の方法がありますから、スタックスネットの事例に可能性を絞る必然性もないでしょう。

「失礼」

そう言って英賀保を連れ去ります。

ふとTwitterでエゴサをすると、各駅でホワイトボードに案内が記されている様子の写真が、旅客らにより次々と投稿されていました。

情報が錯綜する前に、正確な公式情報を発信していかなければなりません。英賀保は公式アカウントから情報をツイートすることになりました。

もちろん、社用スマートフォンを念のため初期化して、さらに一般のＬＴＥ回線のＳＩＭ

ベネッセ情報漏えい事件では、個人情報の持ち出しにＰＴＰ(Picture Transfer Protocol)またはＭＴＰ(Media Transfer Protocol)が用いられました。

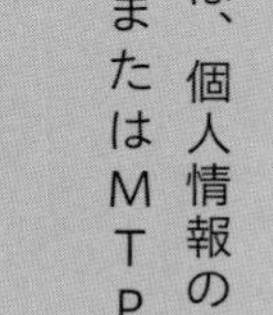

カードを挿して手渡しました。この期に及んで、彼女にユニークスキル、アルティメットバグトリガーを発動されては困りますからね。リスクヘッジというやつです。

『ただいま信号機のトラブルのため列車に大幅な遅れや運休が発生しております。運転は順次再開しておりますが、安全確認を行いながら運転しておりますため、終日大幅なダイヤの乱れが見込まれます。他の交通機関をご利用ください』

『振替輸送のご案内をいたします。國鉄線――』

『ご心配をおかけしております。安全を確保して運転しておりますのでご安心ください。先頭車両に添乗しております赤い腕章を付けた掛員が、信号機の代わりとなっております。(続きます)　RT　信号機が消えてるんだけど大丈夫?』

『恐縮です。指導通信式を施行しております。　RT公式が指導式の解説をしてる!』

『恐れ入ります。國鉄線をご利用ください。この後も大幅なダイヤの乱れや運休が予想されますので、可能であれば國鉄線をご利用頂くことを強くおすすめいたします。　RTあ、京姫鉄道運転再開してる。國鉄乗ろうかと思ったけど、京姫鉄道にしよう』

『IC乗車券をご利用のお客様は、振替輸送の対象となりません。詳しくはこちらのページをご覧ください』

彼女が広報課らしい仕事をしているのは初めて見ました。まあ、いつもトラブってパニクっている姿しか見てませんからね。まあ、案の定、なんかツイート画面がバグってますが。

さて。これで一件落着というわけにはいきません。ここからが我々の出番です。

基本方針は、クリーンなシステムを最小構成で再構築することです。

異常検知の時点で、サーバーは既にホットスタンバイ系へと自動フェイルオーバーしていますが、コールドスタンバイ系はまだ起動していませんでした。そのため、ウイルスに感染していないであろうコールドスタンバイ系をベースにシステムを再構築することに決まりました。認証サーバーやアップデート配信サーバーも予備機を使用します。もちろん業務系LANとは切り離して。

まずは、輸送指令のL2スイッチからすべてのLANケーブルを引き抜きます。本番系の、しかも、輸送指令のLANケーブルを、営業中まっただ中の今、合法的に引き抜くのです。うふふ。

プチッ、プチッ、プチッ――ああ、爽ッ快★

そして、必要最小限の端末や巨大スクリーン制御用のサーバー機のみを接続します。といっても、マルウェアに感染している可能性もありますから、それらの端末やサーバーの本体は、すべて倉庫から出してきた予備機です。足りない分はハードディスク交換で。

そして二時間が経過しました。

「コールドスタンバイ機、起動します！」

その号令とともにシステムを起動。

端末側の接続ステータスがグリーンに切り替わります。そして、巨大スクリーンには路線図が表示されました。まだ他のシステムには接続していませんから、列車位置は表示されていません。すべては順調に——。

そのとき、画面が真っ赤に染まりました。

さきほどとまったく同じエラーメッセージが表示されています。

落胆の声が広がりました。

さて、少佐を呼ぶとしますかね。

動き出せない者

英賀保芽依 SIDE

一六時〇〇分頃。

Twitter対応を粟生先輩に引き継いでから、私は手持ち無沙汰になった。目の前をいろんな種類の制服の人が行き交う中、私には何もできなかった。私のせいでこんなことになったとすれば、少しでも力になって取り返したい。でも、無能な働き者は戦場を乱すだけだ。結局、私は迷惑をかけてばかりだ。私だって、本当は皆の役に立ちたいのに。

万能倉さんと、八橋さん、そして、少佐さん、アカネちゃん、敬川さんが話し合っている。私には何もできないが、聞き耳を立てる。

「自動閉塞は自律モードで復旧、サーバーはコールドスタンバイの予備機に切り替えました」

と、八橋さん。

続いて、少佐さんがドヤ顔で報告。

「業務系・情報系との連携を完全に遮断。統合認証サーバーも、コールドスタンバイの予備機に切り替えました」

そして、敬川さんがとぼけ顔で報告を締めた。

「指令所の端末はすべて撤去し、最低限の予備端末のみ設置しました」

対する万能倉さんは眉間にしわを寄せる。

「……で、CTCの復旧はまだかよ」

アカネちゃんの顔には、ダメだこいつらと書かれていた。

「アテがハズレました。タイムリミットまでの復旧は不可能です。総替えすれば、基本的なシステムだけは復旧できると当て込んでいましたが、結局、同じエラーが発生します」

「なぜだ」

「とにかく、端末を接続した途端にエラーが起きるようです。端末なしなら復旧できる可能性はありますが」

「端末が使えなければ、CTCの意味がないだろ」

「御意。これは推測ですが、ソフトウェアのバグか、単なる不具合か、随分前から存在していた時限爆弾が爆発したものと思われます。随分前のマスターイメージでも同じエラーが発生しますから」

そこに八橋さんが補足説明します。

「端末なしで全自動で進路制御するのであれば、PRC*の復旧が必要です。しかし後回しにしたため、最短でも半日を要します」

それを聞いた万能倉統括指令長は、険しい表情で遠くを見据えた。

「分かった。だが、暗くなれば、転轍機の手動操作を継続するのは難しくなる。事故も起こるだろう。仮にPRCが復旧しても、臨時ダイヤ入力ができなければ、今の状況に対応できない。一六時半に発車する全列車の終着をもって、全線運休としよう」

「……はい」

新たなトラブル

垂水結菜 SIDE

「あの、なんでまた止まってるんですか？」

「猫動画見ます？」

「その手には乗らにゃい……乗らないです」

気・第２１０３Ｄ列車は、篠山駅で電・第１０５Ｍ列車８両編成と併結し、臨・第９００３Ｍ列車、加東経由姫路行き９両編成として姫路に向かっていた。

自動閉塞信号機は復旧したものの、場内信号機と出発信号機は停止現示固定のままだ。駅に着く度に指令の指示でＡＴＳのＮＦＢをごにょごにょしながら、ようやく京鉄法華口《きょうてつほっけぐち》駅までやってきた。あと二駅、通常なら二、三十分で姫路駅だが、反対側の列車も同様に発車に手間取っている。この調子だと姫路まで一時間近くはかかるだろう。

せめてここが複線区間ならもう少しスムーズなのだが、中途半端に単線と複線が入り乱れて

＊Programmed Route Control：自動進路制御装置装置

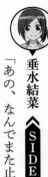

いるので余計ややこしい。

京鉄法華口駅は、単線区間にある交換駅で、姫路方面の一番線と、篠山方面の二番線の相対式ホームである。この列車が停車しているのが一番線、二番線には反対方面の列車が停車している。そして、姫路方からやってきた列車が、私たちの列車の進路を塞ぎつつ、二番線の列車の発車を待っているという状況だった。

ブー、ブ、ブ、ブー。

車掌からの呼び出しブザーだ。

ブー、ブ、ブ、ブー。

ブザーで応答してから、受話器を取る。

「はい、運転士です」

『あー、運転士さん、様子はどうですか?』

「この駅が満線なので、姫路方から来ている列車が入れないみたいなんです」

『えぇー!?　本当ですか?　もう篠山方からも列車来てますよ?』

「え」

『もう見えてますよ』

「ちょ……まさか……デッドロック」

デッドロック発生

祝園アカネ SIDE

私には少し気になることがありました。確かに輸送管理システムの一部には、システム課が把握している他の事例と同じように、多量のリクエストが観測されました。まあ、しかし、通常のアクセス量から著しく増えているかというのは、設計を知らないですし、そもそも平常時のデータがないので分かりません。

とはいえ、この程度の通信量でシステムがダウンするのかというのが疑問でした。

「確か3年前にサーバーを刷新したんじゃ。いくら異常なアクセスとはいえ、数十台からのアクセスで今時のシステムがダウンするんでしょうか」

少佐はすまし顔で答えます。

「君の知らない闇が少し残っているのさ」

ピポッ！　という古き良き時代のパソコンの音が聞こえてきたような気がしました。実際サーバールームで五インチフロッピーディスクと一緒に見たことがありますし。

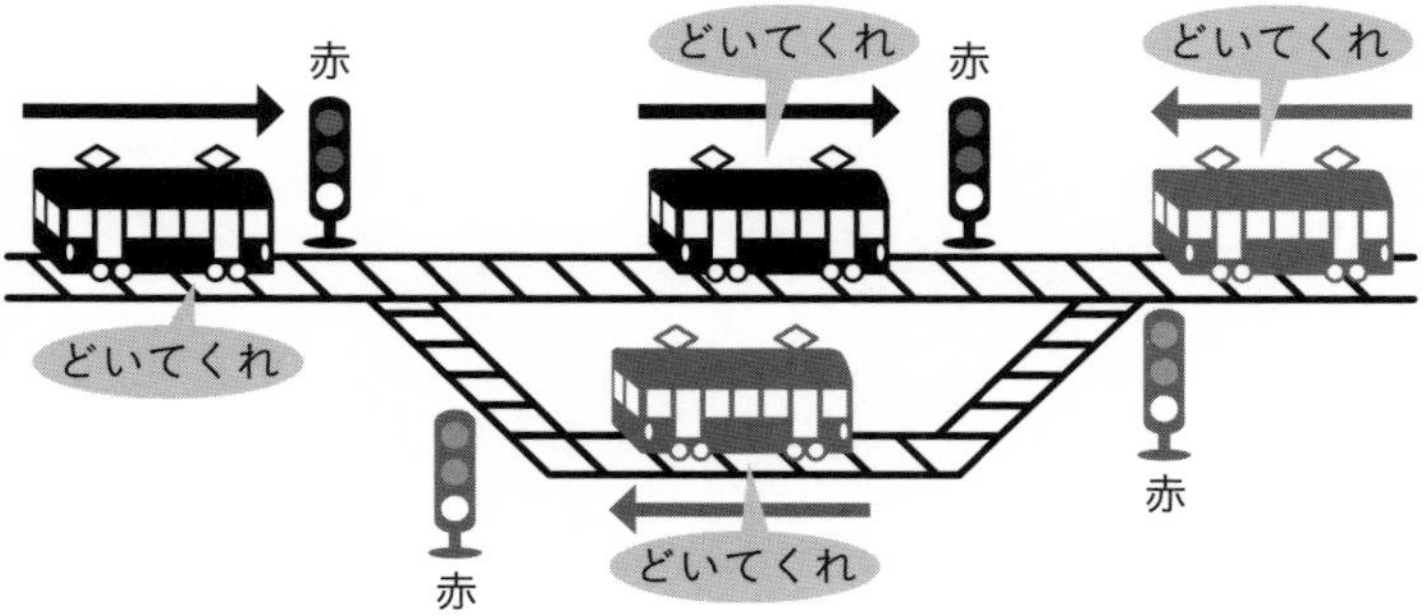

そこに八橋さんが加わります。

「もしかすると、台数の問題ではないのかもしれません」

その時、指令員の膳所さんの声が響きました。

「デッドロック発生です！」

「デッドロック？　どこ？」

「京鉄法華口です。一番線に９００３Ｍ、二番線に９００２レ停車中。姫路方から９００４Ｄ、篠山方から９００５Ｍが入線待ちです。法華口は単線交換駅で待避線もないので、八方塞がりです」

「なんでそんなことになんだよ」

「すみません。私のミスです。閉塞方式を自動閉塞に戻した後、在線位置を誤認して、発車順序を間違えました」

しかし、万能倉さんは冷静沈着です。口は悪いですが。

「誰のミスかは後だ。退行させてる時間はない。９００２レはＳＬくろまめ号の編成だろ。機関車含めて5両だったな」

「はい」

「9004Dの形式はなんだ」

「キハ20、3両です」

「連結器未改造だな」

「はい」

「運転士に目視で確認させろよ？　こっちは目隠し状態なんだから、必ずな」

「はい」

「9004Dのキハ20を無動力にして9002レのケツに連結。9002レとして終点の篠山まで運転させろ」

「分かりました」

八橋さんの目が煌めきました。

「……そうか。デッドロックか！　デッドロックですよ！　ベンダーの話によると、以前から稀に運転整理支援機能でデッドロックが起きてるようなんです。関係ないかと思っていましたが……」

八橋さんがそう言いました。

真っ先に反応したのは万能倉さんでした。

「またデッドロック!?　どこの駅で」

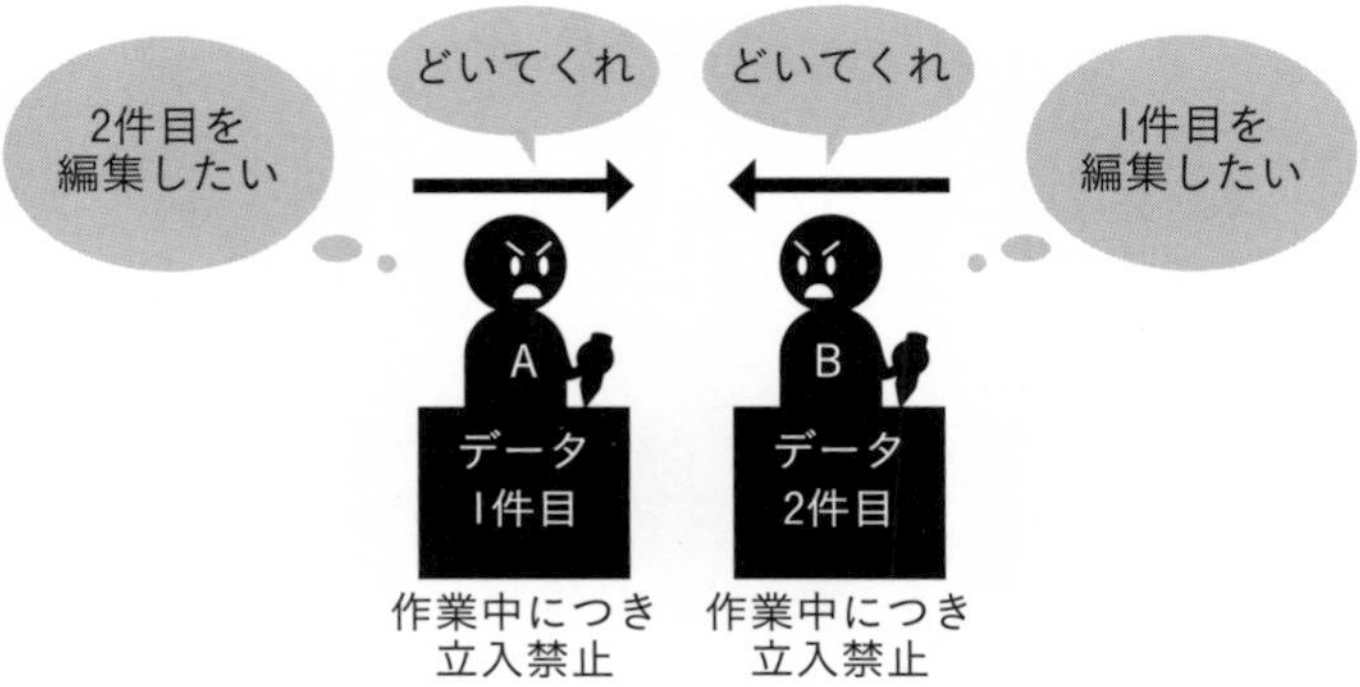
2件目を
編集したい
どいてくれ
どいてくれ
1件目を
編集したい
A
データ
1件目
B
データ
2件目
作業中につき
立入禁止
作業中につき
立入禁止

「いえ、システムの運転整理支援機能内の話です」

「どうやったらシステムの中でデッドロックが起きるんだよ」

「えっと、その……」

八橋さんは口ごもってしまいました。

ここは助け船を出しましょう。

「確認ですが、鉄道では事故を防ぐため一つの閉塞区間に1列車しか入れないという制御を行っていますよね」

「ああ」

「例えば、輸送指令が、列車の運転順序を間違えた指令を出すと、お互いの進路を邪魔して列車の身動きが取れなくなります。今みたいに」

「それがデッドロックだ」

「実は、コンピューター内のデータ処理でも似たような制御をしていて、同じような現象が起きるのです」

「んん？　それが分からん」

「例えば、システム内に一つのデータがあります。このデータを二人が同時に編集すると、データが壊れてしまうかもしれません。なので、一つのデータは同時に一人しか編集できないようにして、他の人は待たせるようにします。これって何かと似てませんか?」

「閉塞か?」

「そうです。では、次に、データが二つ並んでいるところを想像してください」

「ああ」

「AさんとBさんが同時に編集作業をしています。Aさんは、1件目のデータ、2件目のデータの順で編集しようとしています。逆に、Bさんは2件目のデータ、1件目のデータの順で編集しようとしています。どうなりますか?」

「AさんはBさんが作業しているから2件目のデータの作業に移れない、BさんはAさんが作業しているから1件目のデータの作業に移れない……ってことか?」

「そうです。お互いの進路を妨害しているので、身動きが取れなくなります」

「鉄道のデッドロックとほぼ同じじゃないか」

「はい。そういうことです」

まあ、元々、こうした同時実行制御に用いられる『ダイクストラのセマフォモデルは、鉄道線路の運行をモデル化したもの』*ですから、当然っちゃあ当然ですけどね。

万能倉さんはしばらく考えた後、確認しました。

「……つまり、今のシステムの状況は、鉄道にたとえると、ある駅で起きたデッドロックの影響が他の線区にも波及しているようなものってことか」

これには八橋さんが答えました。

「はい。おそらくですが」

「さっきの列車みたいに、併結とか退行で対処できないのか？」

「おそらく、似たことはできますが、それにはシステムのプログラムを変更しなければならないので……今すぐには……」

万能倉さんは「融通利かねぇな」と小さくぼやいてから、さらに尋ねます。

「運転整理と言ったな？　だが、運転整理支援はクッソ重いから使用禁止にしている。誰も使ってないのになんで動くんだ」

「それが分からないんです」

しかしこれで一歩前進です。運転整理支援機能を無効化できれば、復旧の見通しは立つのです。システムを切り離すのは、簡単なことではありませんが。

「サイバー攻撃という見込みがハズレていたという可能性も出てきましたね」

「いや、そうとも言えない。デッドロックが原因なら、仮に端末二台だけでもＤｏＳ攻撃が成立する」

「でもＤｏＳ攻撃だとして……」

その時、英賀保がハッとした表情で、私に飛びついてきました。

「**どすこい⁉** ねえねえ、アカネちゃん、どすこい？」

DoS攻撃

「どすこいなの⁉」

英賀保に襟元を掴まれ身体を揺すられます。これが首の据わっていない赤ん坊であれば死に至っていたことでしょう。私はなされるがままに答えます。

「……。ＤｏＳ攻撃です。まぁシステムを力業で倒してダウンさせるという意味では……どすこいってイメージかもしれませんが」

力士が「どすこーい！」と声を上げ、サーバーラックを張り倒すのも、ある意味ＤｏＳ攻撃

＊Oracle Corporation and/or its affiliates「マルチスレッドのプログラミング」https://docs.oracle.com/cd/E19455-01/806-2732/6jbu8v6os/index.html

と言えるのでしょうかね。

「……斬新な情報提供、ありがとうございます」

内心馬鹿にしたのが分かったのか、英賀保はムッとして反論しました。

「違うんだよ！　今日、朝、何ちゃら義満とかいう人からどすこいがＩＰで何ちゃらかんちゃらって電話があったんだよ」

「朝霧義満先生からですか!?　セキュリティ専門家の」

朝霧義満先生は、アグレッシブなセキュリティ専門家として有名でした。政府機関やセキュリティベンダーの現状に業を煮やしているのは周知の通りですが、最近では、色々な組織に直接乗り込み、改善を主導しているという噂まであります。

「……たぶん。イタズラだと思って切っちゃったけど」

私は電話を掛けることにしました。

セミナーで名刺交換をしたことがあるのです。もし本物なら繋がるはず。

「京姫鉄道株式会社の祝園と申します。朝霧義満様の」

『ガルルルルル……』

めっちゃ、怒ってるぅ★

ログの提供を受けることはできませんでしたが、おおよその状況を知ることはできました。

そして時刻からプロキシサーバーのログを照合すると、英賀保の端末から繋がっていたことが分かりました。

報告を受けた少佐は眉間にしわを寄せました。

「なんだと、朝霧先生のWEBサイトにまで……」

「はい。本当に無差別攻撃みたいですね。特定のサイトを攻撃しているマルウェアというわけではないようです」

「……実は、単純な仕掛けなのでは」

「F5キー連打でページを再読込しまくってるとか……」

そこに八橋さんが加わりました。

「F5キー？　さっき言った運転整理支援機能の呼び出しです。それなら説明がつく！」

八橋さんは輸送指令の端末の一つに招き、その画面を見せました。画面下部にはファンクションキーリストがあり、F5キーには『運転整理支援』が割り当てられていました。

「ビンゴじゃないか？」

つまり複数端末からF5キーを押せば、運転整理支援機能が起動し、デッドロックを起こして、システム全体が機能を停止するのです。

「しかし、見た感じF5キー押している人なんて……」

つまりこのマルウェアは、Ｆ５キーを連打するだけの単純な仕様。しかし、輸送管理システムには致命的な打撃を与えるものだと推測できるわけです。

――ピピピピピピピピピ

突然電子音が鳴り響きました。

空気が凍り付きます。

万能倉さんが駆け寄ってきました。

「防護発報⁉」

少佐はなぜかドヤ顔で答えます。

「いえ、キータイプの効果音です……」

「なんだ。紛らわしい」

万能倉さんは去っていきました。

「はあ。効果音ですか」

「暇なので自作ＯＳのテストをしていたのだ」

「暇？　こんな時に何遊んで……」

「今朝紹介した通りスクロールロックキーを押したら

効果音が鳴る仕様なのだが、この有様でね。また、不具合を修正しなければならない」

「待ってください。本当に何かのキーが押されてるのでは？」

「ふむ、非論理的な推測だが、興味深い」

少佐は何かのコマンドを入力すると、画面上に『Ｆ５』と表示されました。

少佐は画面を指差して、目を輝かせました。

「Ｆ５だ！　Ｆ５キーだ！　勝手にＦ５キーが連打されてる⁉」

しばらく珍獣を見つけた小学生のように騒いだ後、突然したり顔で顎に手を当てます。

「マルウェアを私の自作ＯＳに感染させるとは……やり手だな」

「……ＯＳに関係なく⁉　もしや」

私は、キーボードのＵＳＢコネクタを引き抜きました。

……。効果音が鳴り止みます。

「止まった」

再びコネクタを挿します。スクロールロックが点灯して――。

――ピピピピピピピピピ
「鳴った」

そして、もう一度、コネクタを抜きます。

……。

「止まった」

「……マルウェアはコンピューターに感染していなかった」

「なるほど、ウイルスの類が見つからないはずだ」

万能倉さんが尋ねます。

「何か分かったのか」

「はい。キーボードにイタズラが仕掛けられてるようです。すべての端末からキーボードを抜いてください。それで復旧するかもです」

「は？　まじかよ」

ネットワークに接続した端末から、次々とキーボードを抜いていきます。そして、輸送管理システムを再起動。

しばらくして、大スクリーンの路線図の表示が復活しました。何秒待っても、エラー表示には切り替わりません。

「おおおおおおお」

指令所はどよめきました。

「最初からウイルスじゃなかったんですよ」

そう。この一見何の変哲もないキーボードに丸一日、我々は振り回されたのです。

ってことはあれですよね。今朝ログを見たときにYouTubeへのアクセスが多かったのは、F5自動連打が発動してしまった人の中でYouTubeを見ている人が多かったということなのでしょう。社員の皆様におかれましては、仕事していただきたく。

英賀保は首をかしげます。

「でも、ウイルスだって、朝、あの人が駆除してくれたよ?」

指差す先には——。

携帯電話が鳴りました。

「はい、システム祝園」

「KITSの夢前です。本線用端末13号機を確認してください。不審なものは接続されていませんか」

敬川さんがその端末からまさに何かを取り外したところでした。

慌てて、指令室の出口に先回りしました。

私は敬川さんに笑顔で同行を求めました。

自白

一六時五〇分。

京鉄本社ビル屋上階、水道設備の入口。私は敬川を立入禁止の柵の中に放り込み、南京錠で鍵を掛けました。

ここは、バブル崩壊後、一時期は追い出し部屋としても活用されていた場所です。通称パソナルーム。働かなくても給料をいただける有難いお部屋。ここに配属されるのが夢だったのですが、まさか他人をぶち込むことになるとは。

「何すんだ！」

と、敬川は柵を揺すりながら怒声を上げます。

「あなたを現行犯逮捕します」

私は彼にそう告げました。

この場には、私と敬川の他、夢前さん、御来屋さん、そしてカメラマンがいました。

私は敬川にキーボードを見せました。

「考えましたねぇ。F5キーを連続して押せば、輸送管理システムに異常が起きる。ねぇ？ 輸送管理システム更改プロジェクトにも関わっていた、敬川さん？」

「……」

敬川は何も答えません。

「しかも、キーボードの中には小型のコンピューターが仕込まれていました。ラズパイですかね、これ。ねぇ？ スクロールロックキーでウイルスを駆除できる、敬川さん？」

「……」

「このキーボードは、あなたの会社、京鉄ITソリューションから購入したものです。ねぇ？ サプライチェーン攻撃、敬川さん？」

するど、敬川は声を荒げて反論します。

「仕入れ先に聞けよ！ 俺じゃねぇ」

「そうでしょうか。英賀保の件を聞く限り、あなたは最初からすべてを知っていたとしか思えない。このキーボードはスクロールロックをONにすると、自動でF5を連打するよう改造されていることを」

「ああ、キーボードの不具合はな」

「それなら、輸送管理システムがダウンしたとき、なぜあなたはその可能性を指摘しなかった

のでしょうか。いえ、むしろ、なぜ、もっと前にキーボードの交換を提案しなかったのでしょうか。ねえ？　ニンジャ崩れファッションの敬川さん？」

敬川はニヤニヤと笑いながら返答します。

「だが、スクロールロックは勝手にONにはならない」

「確かに。その点は私も不思議に思いました。誰かがONにしなければならない」

「広報部のアルティメットバグトリガーだろうが」

敬川はなおも表情を崩しません。

「英賀保ですか。確かに、少なくとも、広報課で起きた事例はそうでしょう。しかし、敬川さん。あなたが持っていた、このUSBメモリ。これを挿すと不思議なことが起きるのです」

チャック付きポリ袋に入れたUSBメモリを見せます。

「勝手にスクロールロックがONになるのです」

刑事手続き上は警察が来るまでノータッチが正しいのですが、少佐が勝手に検証してしまったのです。

「それだけではありません。同時に、ネットワーク内の別の端末のスクロールロックもONになりました。不思議ですね」

「ははは、それは不思議だね」

白々しい。

「私の推測はこうです。あなたはF5連打攻撃を発動するため、誰かがスクロールロックキーを押してくれることを期待していた。しかし、肝心の鉄道事業部では誰も押さなかった」

私は敬川が少し顔を引きつらせたのを見逃しませんでした。語気を強めてさらに続けます。

「ですが、今日は一部の労組がストをしていました。さらに偶然にもテレビ局の取材もある。今日ほどのチャンスはありません。醜態をテレビに晒し、上手くいけば労組に罪をなすりつけることまでできる絶好のチャンスです。それを知ったあなたは、追加の手段に出る必要があった。このUSBメモリです」

「ほう」

「しかし、自らキーボードを押して回るのも芸がありません。というか効率も悪いでしょう。そこで、このUSBメモリです。保守担当の立場を悪用して、別の作業のついでにさっと挿して撤去すれば目立ちません」

「やはり、スタックスネットなのですか?」

御来屋さんの声です。この人、同じことしか言わないですね。ロボットみたい。

するとと、敬川は吹き出しました。

「そんな手法ここでは使えない。ＵＳＢマスストレージは認識しないよう設定されてるからね」

「私も最初はそう思いました。ですが、御来屋さんの方が正解に近かったのです」

「どこが」

「確かに、ＵＳＢメモリは認識されません。ですが、**USBキーボード**なら接続制限をすり抜けられます。もし、そのキーボードが勝手に動き、マルウェアのコードを打ち込むとすればどうですか」

「……」

「実は、このＵＳＢメモリを挿したとき、Windowsはこれをキーボードだと認識しました。つまり、このＵＳＢメモリはキーボードのように振る舞うようファームウェアを改造されている。いわゆるＢａｄＵＳＢと言われる手法でしょう」

御来屋さんが、手帳を取り出します。

「ＢａｄＵＳＢ?」

「はい。つまり、この改造USBメモリが、自分はキーボードだと偽って、自動でキー入力をして、マルウェアを打ち込んだということになります。もっとも、F5攻撃の発動のトリガーである、スクロールロックをONにするだけのスクリプトですが――」

具体的には、Win+Rキーで『ファイル名を指定して実行』を開きます。そして、PowerShellを起動します。スクロールロックをONにするだけの簡単なスクリプトを打ち込み、これを、psexecという遠隔管理ツールを組み合わせて、ネットワーク内の別の端末で遠隔実行します。これらの一連の操作をお手軽ワンタッチでできる悪い子が、この改造USBメモリちゃんなのです。まさにBadUSB。

「面白いストーリーだ。作家に転職したらどう?」

「ありがとうございます。でも、私が作家ならこんな頭の悪い行き当たりばったりの攻撃になんかしませんけどね? スクリプトキディにも笑われるレベルです。Amazonのレビューが荒れますね」

敬川は苦虫を噛み潰したような表情を浮かべました。

「ともかく、俺は不審なものが挿さっていたから撤去した、それだけ。妄想に過ぎないわけ。ごめんね~」

「ほう。この期に及んで」

往生際の悪いお人ですね。こうなったらトドメです。

「ですが――あなたがこのUSBメモリを差し込むところを撮影していたのです。この御方が」

「ブーン」

私の前にパキラの植木が現れました。

「⁉ ⁉」

そう、何を隠そう。このパキラの植木は最新鋭のAIを搭載した、ルン……自走式自動巡回監視カメラであらせられるのです。

「しかも、テレビカメラも別角度からあなたをとらえていました」

そこに、夢前係長が加勢します。

「psexecを端末のマスターイメージに忍ばせたのは誰？　それに、PowerShellの実行履歴を消しても、psexecはログに痕跡が残るんだよ？　敬川君」

「そう。もう逃れられません。犯人は、敬川康さん、あなたです。Q.E.D.」

「とりあえず、めんどいんで警察には通報しました。私、あと十五分で定時なんで、とっとと白状してくださいな」

私はそこに置いてあった廃棄のオフィス椅子に座り、ぐるぐると回りました。

敬川は突然激昂しました。

「……**ああ、そういう態度がムカつくんだよ！**　何が親会社だ！　全員クソだ！　これだけ尽くしてやってるのに、どいつもこいつも。だからお灸を据えてやったんだ」

「敬川君、気持ちは分かるけど……」

「まぁ実際クソですが……何をいまさら」

「……てめえらが押しつけたクソ案件のせいで、俺らは降格になったんだよ！　『納期遅れ』の責任を取らされてね。ま、こんなこともあろうかと、数年前から地道に仕込んでおいたんだ」

キーボードの仕入れ、端末保守を担当する立場で、絶好の**機会**が巡ってきた。クソ案件で不利益を被った恨みという**動機**があった。そして、お灸を据えてやるという**正当化**もした。不正のトライアングル、機会、動機、正当化、すべてが揃ってしまったわけですね。ああ、哀れ。

その時、話を聞きつけた葛城取締役が、階段を駆け上がってきました。敬川を大声で怒鳴り散らします。

「なんやと⁉　どんだけ被害が出たか分かっとんか？」

コンクリートにキンキン響きます。

敬川は、葛城取締役に顔を近づけ、にやりと笑いました。

「自業自得でしょ。あんたの言動が原因で、みんなが隠ぺいするようになった。だから対応が遅れた。おめでとう、あんたもハッカーの共犯だ！　ははっ、見せてくれよ、鉄道員の自覚とやらをさ！」

「んがああああああああああああhjfkdljhldfjぽsじょp@あえ@pgzsdsdghれ」

葛城取締役は、顔を真っ赤にして怒り狂いました。その轟音に窓ガラスは割れ、マグカップは落ち、被害額は二十万一千五百円（税別）に及びました。

ソーシャルエンジニアリング

やがて、葛城取締役が失神して沈静化すると、敬川は勝ち誇って高笑いしました。まぁ、気持ちは分からんでもないのです。しかし、手段はまずかった。

「では、敬川さん。ご満足でしょうし、一応、自首をおすすめしますが」

私がそう言うと、敬川は私の後ろを指しました。

「あ、ＵＦＯ」

そんな馬鹿な。振り返ると、そこには、金色に輝く物体がありました。

「あ、ホントだ」

「ユーフォニアム?!」

夢前係長も目を輝かせます。

それは、今は無き京姫鉄道吹奏楽団の遺物でした。

演奏するのは久しぶりです。大きさは私の身長の三分の二ほどあって、ずっしりと重く、超低音の重厚な響きが——。

「チューバや！　重い思たわ」

ガチャという音が聞こえました。音の方角を見ると、南京錠とピッキング工具が床に落ちていました。そして、柵の中はもぬけの殻。

「しまった！　ノリツッコミの脆弱性が」

こういうのソーシャルエンジニアリングって言うんでしょうか。

「でも、ユーフォニアムもテナーチューバのパートをやるから、ええと」

そんな暢気なことを言っている夢前さんを放置し、とにかく私は敬川を追って、階段を駆け下りました。カメラマンと御来屋さんが後に続きます。

敬川は、途中で従業員用の裏口から大将軍駅のホームに飛び出しました。旅客に紛れて逃げていきます。再び階段。旅客出入口から建物の外に出ます。

私は追いかけますが、息が上がってもう……走れない。

はい。結論を言えば、見失いました。

しばらくして、私の前に見慣れぬ車が止まりました。車の窓が開き、敬川が姿を見せます。彼は嫌みたらしい薄ら笑いを浮かべ、私に手を振りました。

「アディオース、バ〜イび〜」

そして敬川の車は走り去っていきます。

私は走ろうとしましたが、もう動けませんでした。パンプスは運動に向かないですし、体力ももう……。

「……はぁ……もうだめ」

パトカーのサイレンが聞こえました。もう手遅れだというのに。

キキキキーと音を立ててパトカーが目の前にドリフト駐車しました。刑事ドラマでもあるまいに。

「**アカネちゃーーーーん！　乗って！**」

聞き覚えのある声でした。英賀保芽依です。

これ、警察のパトカーではありません。弊社のです。車体の色は白黒のツートンではなく、白と水色のツートンでした。

「え？」

「良いから」

乗るや否や、パトカーはタイヤを鳴らし急発進しました。一目散に敬川の車を追跡します。

バックミラーを見ると御来屋さんとカメラマンが後部座席に乗っています。いつの間に。

サイレンの音に、目の前を走っていた自動車が左右にどんどん避けていきます。中央線を跨ぎながら走行し、赤信号の交差点に差し掛かりました。

「緊急自動車通ります！」

拡声器で声を響かせながら、車は赤信号を突破しました。

エンジンはドルルルンと重厚な音を響かせ、徐行から一気に四十キロメートル毎時まで加速、まるで峠を攻めるかのように姫路市街地を駆け抜けます。

「これは……どういう」

「私なりにできることを考えたんだ！　……人脈だよ！」

つまり、このパトカーを人脈で借りてきたってことでしょうか。んー、まあ、敬川を追跡するのは道路交通法上の『電気事業、ガス事業その他の公益事業において、危険防止のための応急作業』にあたるんでしょうかね。あとで監査部と法務部に何を言われるやら。

オートマ限定免許の私には詳しく分かりませんが、英賀保はシフトレバーを巧みに操ります。交差点の度に私は左へ右へ大きく身体を揺さぶられました。うぇえ、気分が悪い。

「緊急自動車左折します」

また、赤信号を通過します。今度は角張った珍しい信号機でした。田寺一丁目交差点です*。

「どうしてパトカーなのに四十キロで走行してるんですか?」

と、後部座席から御来屋さんの問い。この人はこんな状況でも職務熱心ですね。

運転に集中している英賀保に代わり私が答えます。

「緊急自動車が最高速度を超えて走行して良いのは、速度違反車を取り締まる場合に限られるんです」

道交法第四十一条第二項ですね。そんなことより、今にも吐きそうです。

赤信号を再び突破。あれ、この角張った信号機、前にも見たような——田寺一丁目交差点。

「同じ所を回っているような」

「動揺してるんだ。追い込むよ！」

英賀保はにやりと笑います。

車に乗ると本性が出ると言いますが、これは予想外です。

敬川が運転する車は最高時速こそ速度オーバーをしていますが、他の車に邪魔をされ、思うようにトップスピードを保てません。一方、こちらは、緊急自動車。さらに、運転技術と超加速のエンジンパワーにより、法定最高速度キープで食いつきます。

こんなねっとりとした追いかけ方が英賀保の本性……。あまり関わりを持ちたくないですね。おえぇぇ。

敬川は姫路西インターを目指していたと見えますが、我々の運転技術には勝てないと観念したのでしょうか。書写街道を東に進み始めました。左手に姫路城が見えます。姫路城前交差点を右折。そして、まっすぐ姫路駅の方面へと進みます。なるほど、國鉄で逃げる気ですね。

「京鉄バスさん、カメさん作戦をお願いします」

英賀保が無線連絡を入れました。

『よっしゃまかしとき！　オペレーション・タートルズ発動や』

＊２０１９年12月現在、普通の形の信号機になっているようです。

無線の向こうから陽気なおっちゃんの声が返ってきました。

姫路駅前は今年の四月で一般車両が進入禁止となったばかりでした。一般車が姫路駅に近づくためには、次の交差点で右折しなければなりません。しかし、鈍臭い京姫バスが行く手を阻みます。あれがオペレーション・タートルズ（笑）か。

敬川は右折を諦め、そのまま進入禁止を突破。そして、國鉄姫路駅前にドリフト駐車しました。それに我々も続きます。

車を乗り捨てて走り出す敬川を私は追います。しかし、身体がもう言うことを聞きません。

「ぜえぜえ、私、運動、苦手」

敬川の背中はみるみるうちに遠ざかっていきました。

苦手なことは誰にもある

英賀保芽依 SIDE

アカネちゃんは車を飛び出していったが、すぐに失速した。ふらふらと歩くその背中には絶望感が滲んでいた。そう、誰にでも苦手なことはある。

私はデジタル機器が苦手だ。アカネちゃんは運動が苦手だ。

今回の事件で一つだけ分かったことは、苦手なことを一人で解決しようとしても、事態は悪化するばかりだということだ。私も余部課長もそこを間違えた。苦手なことは得意な人に任せれば良いのだ。

私は意を決して拡声器のマイクを握った。

「アカネちゃん。苦手なことは、得意な人に頼めばいいんだよ！」

協力者

祝園アカネ SIDE

「！」

私は拡声器の声に驚き、振り返ります。

英賀保が私に頷いたのが見えました。つまり、私も彼女と同じミスをしようとしていると彼女は言いたいのでしょう。一人で対処しようとしているというミスを。

私はスマートフォンを取り出します。運動が得意な人には心当たりがあります。しかもちょうど姫路駅にいる方々を。

改札に入ると、敬川が新幹線のりばへの階段へ向かって走っているところでした。しかし、陰から現れた謎のマッチョ集団が横断幕を広げ、「ムキ★」と彼の行く手を阻みます。横断幕には『京姫鉄道の労働法違反を粉砕せよ』『スト貫徹』と書かれていました。

そう、彼らは今日ちょうど駅前広場でストをしていた弊社第二労組の組合員です。電話で頼んで先回りしていただいたのです。数年前、島流しされて車掌講習を受けたときの師弟関係が役に立ちました。

敬川は慌てて方向転換します。今度は在来線ホームを目指すようです。そうはさせるか。こんなこともあろうかと、もう一人の助っ人を手配していました。

『任せてアカネちゃん！』

京姫鉄道姫路駅で乗務を終えた垂水先輩です。電話の直後、乗客をぶっちぎりで追い越し、連絡橋を全速力で駆け抜け、連絡改札を突破。

「あ、ちょっと！」

という國鉄駅員に対して、さっと社員乗車証と青春18きっぷ（常備券タイプ）を見せます。ご丁寧にも今日の日付入り。

「あ」

風圧に帽子を飛ばされ呆気にとられる國鉄駅員たち。そんな彼らを尻目に、垂水先輩はノンストップで國鉄姫路駅5番線ホームに向かいました。5番線には既に東京行きの夜行普通列車が停車しています。オレンジとグリーンに塗り分けられた國鉄223系、通称カボ電。

追ってくる垂水先輩に気付いた敬川は姫路駅名物の黄そば屋に飛び込み、客を跳ね飛ばしました。

「きゃっ」

客の悲鳴とともに、麺が宙を舞います。

「おわっ」

垂水先輩はアクロバティックな動きで麺を器に回収。出汁一滴も漏らさず、客に返します。

しかし、そのタイムロスが致命的でした。

「ふー、危なかった」

汗を拭う垂水センパイの後ろで、車掌のホイッスルが鳴りました。

「あ」

ガラガラ、ガッタン。

扉が閉まりました。

「しまった!」

ヒュウウウウウウ。

ブレーキ緩解音に続き、VVVFインバーター特有のモーター音が響き、列車が動き出しました。垂水先輩は列車を追いますが、徐々に引き離されていきます。敬川は車内から満面の笑みで手を振りました。

「アディオス！」

垂水先輩は「くそー！」と叫んで地団駄を踏みました。國鉄の変態技術陣の総力が結集した223系電車は、昔ながらの普通鋼車のくせにやたらと加速性能が良く、あっという間にホームから去っていきました。

……。一方車内。

敬川は、垂水先輩を見送った後、ひとしきり笑いました。姫路市街のビル群が見えなくなった頃、安堵のため息をつきます。東京までこの列車でトンズラしようか、それとも、近くで乗りかえるか――。

その時でした。敬川はこめかみに冷たい感触を覚えます。

「**動くな。**鉄道公安です」

彼が声の方に恐る恐る目を遣ると、彼は三名の鉄道公安に拳銃を向けられていました。プラスチックのような安っぽい見た目の銃ですが、本物です。

「なっ、なんで鉄道公安が。関係ないだろ!」

「あはは、お忘れかな? うちのシステムにも被害があったのを。詳しくは事務所で聞こう」

先頭に立つ篠山が銃をホルスターにしまった隙を見て、敬川は逃げようとします。しかし、篠山相手に通用するはずがありません。敬川は足を払われ、次の瞬間には床に組み伏せられていました。

「電子計算機損壊等業務妨害の容疑で現行犯逮捕しちゃうぞ★ 一七時五分、逮捕」

カチャリと手錠の音が響きます。

『これ言ってみたかったんだよね! アカネ聞いたー?!』

はい。電話越しですべて聞いていました。

「へっ」

まあ、苦笑いしかできません。苦渋の決断とはいえ、此奴に借りを作ってしまいました。

『ってか犯人が全身黒タイツって分かりやすすぎwwwwリアルで初めて見たしwwww まじでツボwwww』

大爆笑する篠山の声が電話のスピーカーから聞こえて来ます。

まぁ、何はともあれ、一件落着、ですね。

後始末

数日後、謝罪記者会見が執り行われました。

司会は英賀保芽依。そして。社長とＣＩＯ、そして顧問弁護士が中央の席に座っていました。珍獣揃いも揃い……いや、何も言いません。いつもは頼りにならないＣＩＯですが、この日ばかりは緊張の面持ちです。

『セキュリティ事案をゼロに』という理想に拘るあまり、万が一の際の対応体制がおろそかになっていたことは否定できません。早急にセキュリティ対応体制及び教育体制を見直すとともに、部門を超えたセキュリティ対策専任チームを設置いたします」

社長とＣＩＯが起立し、社長が謝罪の言葉を述べました。

「この度はお客様ならびに関係者の皆様に多大なるご迷惑、ご心配をおかけいたしましたことを、深くお詫び申し上げます。誠に申し訳ございませんでした」

二人は九十度のお辞儀を十秒以上続け、フラッシュを浴びせられました。

眩暈がしたのは、フラッシュのせいだけではありません。事件はここで終わりではないからです。まず、国土交通省　運輸安全委員会の『鉄道初のサイバー事案』などと息巻いている皆様方による調査があります。これに関連して、セキュリティ会社によるフォレンジック調査。そして、早ければ数ヶ月後に事故調査報告書が公表されることになるでしょう。当事者の一人でもある私は、当然ながら調査に協力しなければなりません。気が遠くなりそうです。

その日の夕方のニュースでは、御来屋さんらによる特番が組まれ、我々の醜態が白日の下にさらされることとなりました。

番組の終盤、よりにもよって朝霧義満先生へのインタビューの場面となりました。

「この事件に関して、セキュリティの専門家は――」

「事実を迅速に公表したことは評価に値します」

《Q．事件の評価は》

《Q．今後求められる対策は》

「セキュリティ製品の導入だけで安心していてはダメなんですね。経営者・従業員も、一人一人が当事者意識を持つことです。内外問わず、攻撃を受ける前提でのインシデント対応体制の確立、継続的な見直し。これをですね、組織文化に合った形で行っていく必要があると思います。そしてねぇ、電話のガチャ切りは！」

そこで映像が切り替わります。マイクを持ちながら弊社の前を歩く御来屋さん。

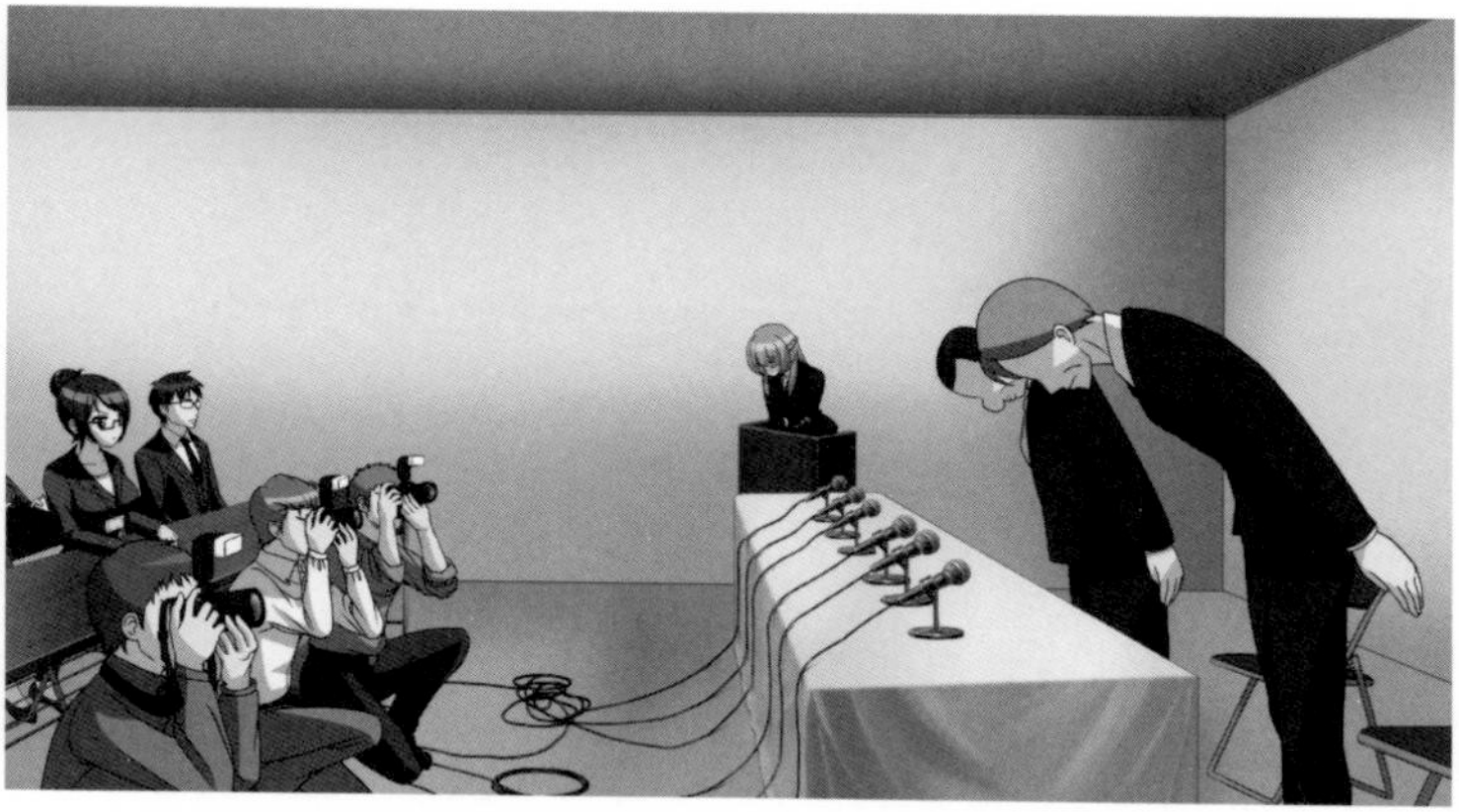

「ますます増えると見込まれる、重要インフラに対するサイバー攻撃。京姫鉄道の今後の取り組みに、注目が集まっています」

番組を見終えた英賀保は『さすが御来屋さん』と感心しました。番組の論調は、我々を一方的に非難するわけではなく、評価するべき点は評価し、改善が必要な点はハッキリと指摘する内容でした。弊社内でも評判が良く、録画は永久保存版として大切に保管されることとなりました。

そして、事件の一部始終をテレビカメラに収めた大スクープは、世界的な注目を浴び、後に報道大賞を受賞したと聞きます。

Redditに『Hair antenna person《アホ毛の人》』『perfect《完璧な》 ahoge《アホ毛》』などという書き込みがあったとかなかったとか。さて、誰のことやら。

給湯室

それから数ヶ月が経ちました。

給湯室を通りかかったとき、山家課長と万能倉統括指令長が何かを話しているのが聞こえました。どうやら掲示されている人事異動の通知についてのようです。

そう、人事異動が発令されたのです。

葛城 岩男：取締役　総務部長　↓　京姫ひよこファーム合同会社転属（業務執行社員COO）
余部 静夫：広報部広報課　課長　↓　京姫ひよこファーム合同会社出向（部長）
英賀保 芽依：広報部広報課　係員　↓　広報部システム課　係員
祝園 アカネ：広報部システム課　上級係員　↓　広報部システム課　主任

「葛城のおっさんは島流しか。当然の結果だな」

万能倉さんは鼻で笑います。

肩書き的には昇進ですが、子会社に行けば、給与水準に合わせて職位の一つや二つは上がりますから、万能倉さんの言う通り事実上の島流しと考えて間違いないでしょう。私も、短期間ですが子会社に島流しされたことがありますからなんとなく分かります。当時は『何やらかしたの？』とか聞かれました。上司に逆らってＬＡＮケーブルを抜いただけでしたが。

まあ、噂によると、葛城専務と余部部長は早速、顔を綻ばせてひよこたちと戯れているとか何とか。当人が幸せならそれで良いのではないでしょうか。こういう懲罰人事は、ジャパニーズトラディショナルカンパニーの悪い所だと思いますけど。

「とはいえ、彼一人の問題ではない。当事者意識という意味では」

山家課長の言葉に、万能倉さんは紅茶の香りを嗅ぎながら同意します。

「まあな。鉄道も情報セキュリティも安全対策に共通点が多いなんて、思いもしなかったからな」

「分野は違えど課題は同じね」

「そうだ、何か考えてるんだろ？」

「ええ。元々システム課は予算の都合で広報部の傘下にあっただけなんだけど、もっと『広報部』としての立場を活用していこうってね」

CSIRT

英賀保芽依はシステム課の仲間となりました。彼女はまだ広報の仕事も兼任していますが、いずれこちらに軸足を移すことになるでしょう。

なぜあのコンピューターに嫌われているアルティメットバグトリガーがシステム課に？　その答えは簡単。リスク対策です。彼女を放置していたら何が起こるか分からないので、システム課で監視しようというあれですね。それに、脆弱性を検出するためのファジング（ファズテスト）要員として期待されているという側面もあります。

私はセキュリティ業務に専念することとなりました。セキュリティ担当としての初仕事は、『情報セキュリティ事案ゼロは当たり前！』という張り紙を剥がしてゆくことでした。その代わりに『感染した？と思ったらすぐ相談！　セキュリティ相談窓口　内線XXX―XXXX』という張り紙を貼っていきます。この作業は英賀保にも手伝ってもらうことにしました。

「しーさーと？」

「はい。CSIRTというのは、部門を超えてセキュリティ事案に対応するチームです」

「ああ、記者会見で言ってた」

「まだまだこれからですけどね。報告、連絡、相談が集まるよう、信頼を得ていかないと」

ホウレンソウは社会人の基本などと言われますが、信頼関係がなければホウレンソウが集まるはずもありません。葛城元取締役の恐怖政治が真逆に働いたのもさもありなんです。コンプライアンス窓口や、ハラスメント相談窓口なども、従業員からは信頼されているとは言えません。どうせ相談したって『頑張ってください』と言われて終わりというのがもっぱらの噂です。ああいう風にはなってはいけません。

第一歩は仲間から。

「そういえば、今回の件、解決の糸口になったのは英賀保さんの連絡でした。まあ……そういう意味では、英賀保さん、いつもありがとうございます」

私は軽く英賀保に頭を下げました。

「あああ♥」

彼女の表情がぱっと明るくなりました。

足音が近づいて来ました。ピカピカに磨かれたビジネスシューズが私の横で立ち止まります。目を遣ると、仕立ての良い焦げ茶色のスーツを着たおじさんが立っていました。社長です。

「いいねぇ！　頑張ってるね〜」

「いえ」

「そこで、今回、我が社でホワイトハッカーを雇うことにした」

「はい!?」

社長の背後から現れたのは全身白タイツ姿の怪しい人物でした。その顔には見覚えがありました。敬川です。

「……こぽぉ……w」

噂では示談が成立したとは聞いていましたが。

「はは……」

まったく懲りない人たち。ホワイトハッカーが内部犯化する事例もあるぐらいなのに、加害者を雇ってどうするというのでしょう。ニンジャ崩れのスクリプトキディに白い服を着せればホワイトハッカーだなんて。道のりは長そうです……。

インシデントのまとめ

ウイルス感染したら懲戒処分

≪

隠ぺいにより初動対応が遅れる

≪

情報が上手く共有される

≪

一致協力して迅速に対応できる

セキュリティトラブルに組織的に対応できるよう、隠ぺいを招かない仕組みと環境作りが大切ですね。
広報はセキュリティのことは分からないので、担当部署直通の連絡窓口があると嬉しいな。

［参考事例・用語］

隠ぺいによる二次被害

●2016年、国連の国際民間航空機関（ICAO）が攻撃の被害を隠ぺいした結果、マルウェアを拡散する結果となったと報道された。

出典：AFPBB News（2019）『国連の民間航空機関、重大なサイバー攻撃を隠ぺい カナダ報道』https://www.afpbb.com/articles/-/3213429

Stuxnet

●2010年、イランのウラン濃縮施設で遠心分離機がUSBメモリを経由してマルウェアに感染。制御プログラムが乗っ取られ、物理的に破壊された。

出典：小熊 信孝（2011）『Stuxnet ―制御システムを狙った初のマルウエア―』

https://www.jpcert.or.jp/ics/2011/20110210-oguma.pdf

BadUSB

● USB機器のファームウェアを改造することにより、機器の見た目と異なる挙動をさせ、攻撃する手法。その仕組み上、一般的なセキュリティ対策ソフトで検出することは難しく、対策は困難と言われている。

出典：高橋睦美、ITmedia（2018）『小さな親切、大きなお世話？ 無償で配られるUSBデバイスやメモリのリスク』https://www.itmedia.co.jp/news/articles/1806/29/news054.html

出典：Karsten Nohl、Sascha Krißle、Jakob Lell（2014）『BadUSB — On accessories that turn evil』https://srlabs.de/wp-content/uploads/2014/07/SRLabs-BadUSB-BlackHat-v1.pdf

組織内CSIRT（Computer/Cyber Security Incident Response Team）

● 組織内で発生した情報セキュリティインシデントに対処したり、予防活動や情報収集を行ったりするチーム。組織規模や文化によって様々な形態がある。

幕間

さよなら7

さよなら7

祝園アカネ SIDE

昔々、兵庫県姫路市内のある所に、Windows XPをサポート期限切れから一年間も使い続けた鉄道会社がありました。社長は言いました。

『モッタイナイ、モッタイナイ』

そうして、クラッカー集団の餌食となりました。社内でマルウェアが拡散し、業務がストップ。そればかりか、発車標の電光掲示板のデータまで改ざんされ、旅客にも影響が及びました。

そう、五年前の弊社のことです。

ですが、あの日、我々は助かったのです。とにもかくにも人命には影響がなかった。それが救いです。

あれから五年。

ついにこのときが来てしまいました。

そう、Windows 7のサポート期限切れです。

攻防

　窓の外に小雪がちらつくなか、システム課のオフィスは緊張に包まれていました。

「Windows 7 のサポート期限切れまで一ヶ月ですよ！　即刻、経費承認を」

　山家課長は机に手を突き、中舟生ＣＩＯに迫りました。

「え〜」

　ＣＩＯは居心地悪そうに肩をすくめ、目を逸らしました。喉元過ぎれば何とやら。

「五年前のことをお忘れですか。ＸＰ事件ですよ」

　マスクを付けた少佐がゲホゲホと咳き込みながら言います。

「シールドなしで……ゲホッ」

「季節外れの格好で、マスクもせずに一晩中人混みを歩くようなものです。あの人みたいに」

ん、山家課長、なんでそんな少佐情報を知っているのでしょうか。

ＣＩＯは頬を膨らませます。

「だってぇ、お金ないもん。サブスクリプションって毎月お金掛かるんだろ？　年間一千万ぐらいも掛かるじゃないか……」

二年前の列車運行管理システム事件の記者会見の映像を見せてあげたいぐらいです。まあ、確かにセキュリティに予算を割くとは言ってませんでしたが。

仕方ありません。私が何とかしてみましょう。

「ありますよ。お金」

「え？」

突然の横やりにＣＩＯは目をぱちくりとさせます。

「京姫鉄道謹製プレミアムぽん酢醤油、贈答用４本セットの定価はいくらですか？」

「……税別で二千円だっけか」

「総利益は？」

「確か……ざっと八百円？」

「OSライセンス費用、従業員一人につき税別で月額七六〇円です。つまり、ぽん酢一セット売れれば従業員一人分のライセンス費用が賄えます」

「しかし……だな。ちりも積もれば……」

「では、うちの従業員数は?」

「本体だけなら1024人」

「もう一つ。月あたりの販売数は何セットですか」

「……確か平均2000セットぐらいだったような」

「ね、全然あるじゃないですか、お金。ぽん酢を売ればセキュリティ対策になる。一石二鳥です」

ちなみに、本来は760円に加えて別途Windows 10 Proのライセンス料が必要ですが、Windows 10 Enterprise E3には、幸いにもWindows 7 Professionalからのアップグレードが無償になる特典があります。したがって弊社の場合は実質的な負担は月760円で済むのです*。

ていうか、なんで私がマイクロソフトの営業さんみたいなことをしなければならないので

*マイクロソフト:Windows 10 Subscription in CSPで提供されるWindows 10へのアップグレード特典、Windows Blog for Japan (価格、サービスは二〇一九年十二月現在のもの)
https://blogs.windows.com/japan/2017/01/25/windows-enterprise-in-csp/

しょう。まあ、個人的には少し思うところもありますが、セキュリティ担当としては、ＯＳアップグレードを推進しなければなりません。

　子曰くセキュリティは定期的なアップデートから。

「……部門別会計っていうのがあるんだよぉ。ただでさえシステム課はコストセンター《お荷物》なのに、毎年追加出費が一千万円だなんて、他の取締役に何を言われるか……」

　はあ。

　なんでいつもこうなんでしょうね。部門別会計が悪いのか、人間の性なのか。全体最適からは遠ざかっていきます。財布を分けるのは良いですが、必要なコストを負担せずに、文句だけ垂れるのは悪質クレーマーとしか。

「ちゃんとアイデアはあります。こんなのはどうでしょう。そんなにコストを食われるのが嫌なら、我々が収益を確保しましょう」

「……へ？」

「システム課でぽん酢を直接仕入れ、Amazonで販売します」

「そ、そんなこ――」

「もう垂水主任が準備を始めていると思いますよ」

垂水先輩は、にへらーとピースを作ります。まあ、ハッタリなんですけどね。ご協力ありがとうございます。

ＣＩＯは震え上がり、ドン引きのご様子です。

「そんなことをうちがしたら、どんなお叱りを受けるか……！　もう、分かったよぉ」

これが社内の力学です。手段はともあれ、予算は下りました。本当にぽん酢様様です。

しかし、我々に残された時間はたったの一ヶ月。その短い期間でWindows 10 Enterpriseを全社展開しなければなりません。その規模、千数百台。

これまで限られた予算でちょくちょくＰＣを買い足してきたことが災いし、メーカーも機種もバラバラでした。その結果、ドライバー周りで色々トラブルがあったり、ＣＰＵが古すぎてアップグレードできないトラブル*があったりし、予想よりも作業が難航しました。

*Windows 8以降、ＮＸビット非対応の旧世代のＣＰＵでは起動することすらできなくなりました。

もちろん、ハードウェア購入の経費申請も通りません。仕方なく、鉄道事業部の廃棄予定の端末をゴミから漁り……もとい融通してもらい、なんとか追加支出なしでハードウェアを調達できました。鉄道事業部では一段と高い信頼性が求められるため『直せばまだまだ使えます』というレベルの端末は、とっとと廃棄されているのです。

ゴミ漁りの次は、アプリケーションの互換性の問題です。

ＸＰ時代のお行儀の悪い32ビットアプリケーションは、64ビット環境では大爆死。「C:¥Program Files (x86) ¥」を見てくれません。当然ながら、Windows 3.1時代の16ビットアプリケーションや、さらに古いＭＳ－ＤＯＳアプリケーションも無事ご逝去されました。そういった特殊事例は、32ビット版のWindows 10を仮想マシンにインストールして対応しました。

ＷＥＢアプリケーションはギリギリセーフ。

ははあ、IE11のIE5 Quirks Mode様にございまする（白目）。

これはゆくゆく、システム側をモダンなブラウザに対応したバージョンにリプレースしていく必要があるでしょうね。そもそもどんな脆弱性を抱えているやら。

――はあ……。

長く使われたものでしたが、宿っていたのはゴミでした。

結局、作業は遅れに遅れました。正月は休みなし。しかし、作業は終わらず、ついにその日が訪れてしまいました。二〇二〇年一月一四日、Windows 7のサポート期限終了日です。

しかし、まだ、時間はある。

「アカネちゃん、酷い顔だよ！　休んだ方が良いよ」

英賀保に纏わり付かれます。英賀保が何を言っているのか理解できません。単語の一つ一つは理解できるのですが、どういう意味かさっぱり。まあ、とりあえず、統計的に当たり障りのない返事をしておきます。

「……すみません、お役に立てそうにありません」

エナジードリンクに翼を授けられ、意識はどこかに飛んでいきます。ゴミ箱から溢れた空き缶が、コロンと床を転がりました。

日付が一五日に変わっても作業は続きました。大丈

夫。サポート期限は太平洋時間（ＰＳＴ）だから一七時間の猶予があるはずです。
そして――。
ついに、やりました。私は最後の一台にイメージ展開を完了しました。大きな欠伸と同時に終業時間を知らせるチャイムが鳴ります。五五時間連続勤務（休憩時間含む）に終止符が打たれた瞬間でした。
それから後の記憶はありません。なんか、気付いたら家で寝ていました。

INCIDENT 2

お金は どこに消えた?

《バンバン貯めよう　バンバンバンバンク♪》
《播備播但《ばんびばんたん》銀行より大切なお知らせです。》
《播備播但銀行は、令和二年六月一日より播備播但神戸三田中央東西南北ＵＤＰそよかぜ銀行として生まれ変わります。詳しくはホームページ又は窓口配布のパンフレットをご覧ください。お問い合わせ、ご相談はフリーダイヤル０１２０－ｘｘｘ－ｘｘｘまで！》
　食堂のテレビにそんなＣＭが流れました。
「なくなっちゃうんだね、播備播但銀行」
「まあ、地銀は将来厳しいみたいですからね」
「好きだったのになぁ。バンバン貯めよう、バンバンバンバンク♪」

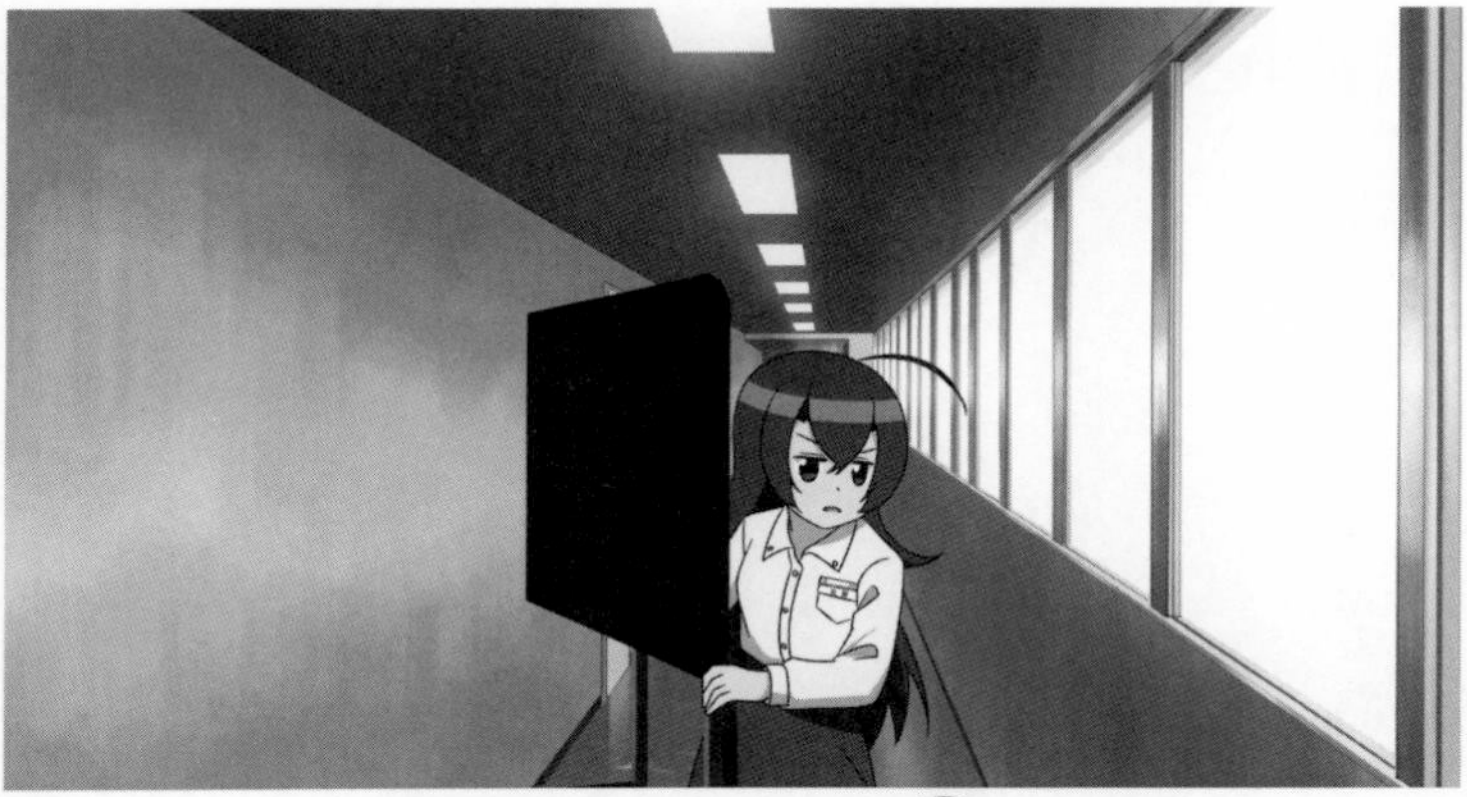

事件なんて起きなければ良いんですけどね

祝園アカネ SIDE

二〇二〇年七月。

窓の外には夏の太陽が煌々と輝いていました。まぶたを閉じれば窓の残像がくっきり見えます。蝉の鳴き声が、耳に焦げ付くようでした。

世の中は東京オリンピックのまっただ中。テレビは、どのチャンネルもオリンピック、オリンピック、オリンピック、オリンピック、オリンピックでした。

今この瞬間も有名選手がフィールドを駆け抜けています。一方、私は廊下を小走りで、キャス

ターをゴロゴロ響かせながら、移動式のテレビスタンドを運んでいました。そして、役員室にゴールイン★

「配線を頼むよ」

「へい」

無心でテレビの電源とアンテナの配線を行います。なんでも「マーケティングの一環」でテレビが必要だとか何とか。仕事熱心ですね。私なんか、仕事を砲丸投げしたいぐらいです。あまつさえ、重要インフラを守れと国から仰せ付かり、この忙しいタイミングにですよ。なぜセキュリティ担当がお偉方の自称マーケティングとやらに協力しなければならないのでしょうか。

「準備できまし……」

振り返ると、社長はいつものように秘書からメールを読めと怒られています。

「メール？ってやつ、使い方がいまいちねぇ。確かほらIoTがディープラーニングでRPAだろ？」

「社長……」

秘書がため息を漏らしました。その小さな肩越しに社長と目が合いました。

「あ、テレビできた？　オリンピック、オリンピック、早く見よう」

「では失礼します」

はぁ、寝よ。

来訪者

「アカネちゃん！　どこかと思ったら」

英賀保芽依の耳障りな声に目を覚ましました。ここは宿直室。私は畳の上で寝ていたのです。疲れたときは何もせず休むのが一番。

視界が英賀保の顔で覆われます。近い。

「アカネちゃん！」

「うるさいですね。仕事投げで世界新記録を出してるところです」

「甘いね」

背後から、お調子者の非常にウザイ感じの声が聞こえてきました。見なくても誰か分かります。寝返ると、そこには、やはり。

「はーい、ささみんだよ〜」

國鉄公安の篠山砂沙美の姿がありました。フル装備の制服のまま、右手を枕に寝転がっています。ご丁寧に手まで振って。

「げ……いつからそこに」

というか、英賀保にしても篠山にしてもなんで私の周りには鬱陶しい人が集まってくるんでしょうね。

「一時間前から。世界を狙うなら、他社の宿直室で寝転がるレベルを狙わなきゃ」

「……負けました。なぜ負けたか明日までに考えておきます。ところで、國鉄の御方が弊社に何の御用で」

「暇だから遊びに来た～」

「はぁ。東京の鉄道管理局の応援とか行ってたんじゃないんですか。サイバー防衛チームを組織したって聞きましたよ」

「『いくら東京オリンピックって言っても、関西の警備が手薄になってはいけない。ああそうだ、君は射撃の腕がオリンピック選手並みらしいね。その腕を活かして、ぜひここで旅客の安全を守って欲しい』だってさ。関西の國鉄線の安全は私に懸かっているのだよ、アカネ君」

篠山はそう言いながら鼻をほじります。

「体よく追い払われてるじゃないですか」

まぁ、彼女は気分で銃をぶっ放しかねませんからね。賢明な判断です。

「バレた？　東京オリンピックだってのに、関西で事件が起きるわけないじゃん？　で、関西ＣＳＩＲＴ協会の関係の会合ってことにして、サボりに来た」

「手薄になっている所が狙われてるんじゃないですか」

「ないない」

その時、篠山の携帯が鳴りました。

「はーい、篠山でーす。おつかれっす。は？　京橋駅に不審物？　東京の京橋駅と間違えて？　今姫路なんですけど……はーい、行きます」

「良かったですね。仕事ができて」

「良くない！　まぁ、行くしかないわ。じゃーねー」

篠山は窓から外に出て、雨水用のパイプをするすると下りていきました。

ま、うちは、そんな大変な事態は起こらないでしょう。全部門でＯＳのアップグレードも終えましたし、鉄道事業部のシステムも防御を手厚くしました。万が一があっても手作業で列車運行を継続できる体制が整っています。

「事件なんて、そうそう起きるものでは」

「それがもう起きてるんだよぉ！」

「へ……？」

料金の支払いはまだですか？

営業部の人が顔を真っ赤にして喚きました。

「あってはならないことだ！　システム課は何してたんだ！」

いや、役員室にテレビを運び込んでいましたが。

「え、もう一度説明してください」

「だから、取引先への送金ができてなかったんだよ！　お金だけの問題だったらいいよ？　デザイナーさんからの信頼も失ったんだ！」

英賀保がプリントアウトしてきたメールを見せてきます。

「このメールを見て」

高輪さま
お世話になっております。

京姫鉄道の竹田です。

ご請求の件につきましては、5月末日付でご指定の口座に送金済みであることを確認いたしました。お見落としでないか、今一度ご確認いただければ幸いです。

そしてその返信は――

京姫鉄道株式会社 営業部
竹田 康仁 様

高輪弼デザイン事務所の高輪です。

既にお支払い頂いたとのことですが、何度も何度も繰り返し申し上げております通り、本日現在も当方の口座に入金されておりません。

支払い期日を既に一ヶ月以上超過しております。

したがいまして、契約書第15条に基づき延滞金も含めて再度ご請求いたします。また、これ以上お支払いが延滞するようですと、法的な対応も検討せざるを得ません。

これまで長らくお取引いただいただけに、このような不誠実な対応は非常に残念です。

「激おこじゃないですか」

するど、英賀保が補足します。

「このデザイナーさん、すごく有名な人なんだ。昔から取引があって、今となっては仕事を引き受けてくれるだけ奇跡なぐらい。ぽん酢が売れてるのもこの人のおかげなのに……」

「それはちょっとマズいですね……」

ぽん酢のパッケージデザインが使えなくなったら、きっと売上は激減するでしょう。そうすれば、セキュリティ予算が捻出できなくなります。Windows 10 Enterpriseを使うのをやめようとか言い出す人まで出てきそうです。そうなると、Active Directoryの再設定が大変なのでやめて欲しい。

「……分かりました。いくつか可能性は考えられますが、ひとまず調査します」

まず私の脳裏に過ったのは銀行名です。つい最近、播備播但銀行が播備播但神戸三田中央東西南北UDPそよかぜ銀行に変わりました。

——ﾊﾞﾝﾋﾞﾊﾞﾝﾀﾝｺｳﾍﾞｻﾝﾀﾞﾁｭｳｵｳﾄｳｻﾞｲﾅﾝﾎﾞｸUDPｿﾖｶｾﾞｷﾞﾝｺｳ（ｶ
金融機関のくせに、全銀協規定フォーマット泣かせの名前です。ま、合併前に内部で大揉めに揉めたのでしょうね。Twitterでもそんな噂が流れていましたし。ともかく、その影響で振込が正常に行われなかった可能性が考えられます。

まずはシステム課に戻り、経理システムが出力した総振データの履歴を確認します。経理システムに登録された高輪弼デザイン事務所の口座番号をキーに検索したところ、一件のレコードが該当しました。一方、送金エラーで戻ってきているデータには見当たりません。

経理部に出向き、弊社のアカウントで播備播但神戸三田中央東西南北ＵＤＰそよかぜ銀行、法人インターネットＥＢサービスにログインしてみます。やはりそれらしきエラーは見当たりません。

念のため、銀行のコールセンターに尋ねてみることにしました。

『はい。播備播但神戸三田中央東西南北ＵＤＰそよかぜ銀行、法人インターネットＥＢサービス照会センターでございます』

「京姫鉄道株式会社の祝園と――」

『お問い合わせの内容に従い番号を押してください。法人インターネットＥＢサービスの使い方については1を――』

自動音声でした。

ピッ

『その他のお問い合わせは9を押して――』

『オペレーターにお繋ぎします。～♪　現在電話が大変混み合っております。順番にお繋ぎしますのでしばらくそのままでお待ちください。〜♪　播備播但神戸三田中央東西南北ＵＤＰそよかぜ銀行ではこの度の合併を記念して特別金利定期預金「播備播但神戸三田中央東西南北ＵＤＰそよかぜ特別定期」キャンペ――プルルル、プルルル』

頭が痛くなってきました。

『はい。播備播但神戸三田中央東西南北ＵＤＰそよかぜ銀行、法人インターネットＥＢサービス照会センターの左衛門三郎でございます』

長いわ！

散々待たされたあげく、電話口では何も教えてもらうことができませんでした。結局は近くの支店に行くことに。そこでようやく、送金の成功を確認しました。大きなシステム障害も発生していないとのこと。

どうせ支店まで来ているので、電話で確認します。

「今経理の人と銀行に来ているのですが、ここは一旦、組戻し手続きをしてみては？」

『相手がカンカンなのに、そんなことできるわけないだろ……！』

さいですか。

ここまで来て調査は振り出しに戻りました。少なくともシステムの異常ではないということが分かったのは収穫ですが。

会社に戻り、経理システムの画面をぼんやりと眺めます。播備播但神戸三田中央東西南北ＵＤＰそよかぜ銀行、播備播但、バンビバンタン、バンビたん……。ああ、意識が遠く……。

『やあ、バンビたんだよ！』

え、誰。

「ねえねえ、アカネちゃん」

その声に現実に引き戻されます。

「なんですか」

「これ、ビジネスメール詐欺とかじゃない？」

「よく知ってますね。そんな言葉」

「今、情報セキュリティマネジメント試験の勉強をしてて」

「なぜに」

「アカネちゃんの足手まといにならないように、頑張ってるんだよ！」

「へえ。して、ビジネスメール詐欺と思う根拠は？」

「ほら、振込先口座の最終更新日が先月になってる」

「そりゃ、播備播但銀行が播備播但神戸三田中央東西南北ＵＤＰそよかぜ銀行になったからじゃないですか？」

「それに、口座名義が全然違う。高輪さん、法人化したばかりで、個人口座のままなのはそうなんだけど、こんな名前じゃないよ」

口座名義：タナカワコウ

「高輪《たかなわ》……弓偏に可が二つって何て読むんですか？」

「下の名前は、げいとうぇいって読むんだよ。高輪《たかなわ》　彁《げいとうぇい》」

「えぇ……そんな人存在します？」

「どちらにしても、タカナワ　コウって名前じゃない」

「……よく見てください。タ**ナカ**　ワコウですよ」

「本当だ！　タカナワじゃない！　タナカ　ワコウって誰⁉」

「知りませんよ。でも確かに、ビジネスメール詐欺の臭いがしますね」

　山家課長に報告します。

「課長、振込先が先月で変わっていました。単純なオペミスの可能性もありますが、ビジネスメール詐欺的な何かの可能性も」

「オリンピック対応で、こういうところおろそかになってたわね。まずは、先方に口座情報を確認した上で、急いで組戻し請求しないと……まぁ、無駄だとは思うけど」

「営業部の人には嫌がられました。課長から説得してもらえませんか」

「分かった。じゃあ、経理部でなぜ間違った口座に振り込むことになったのか、調査してくれる？　ビジネスメール詐欺ならまだしも、マルウェアとか不正侵入とかだったらマズいから」

「そうですね……」

経理部は別世界

私たちは経理部に向かいました。

対応してくれたのは係長でした。

「そんなことを言われても、例の銀行名変更で、ええと、ばんびばんたん――」

「播備播但神戸三田中央東西南北ＵＤＰそよかぜ銀行？」

「そうそれ」

「大変だったから一件一件なんて覚えてませんよ。でも、オペミスはないと思います。ここは細かい所まできっちりするのが仕事なので」

「でしょうね。ん、ちょっと待ってください？　銀行名変更って、データベース一括置換をシステム課に依頼すれば楽勝では？」

「最後は人の目で確認しないと」

なるほど。まぁ、何も言うまい。

「ところで、手作業で確認したなら変更記録簿とか残してあるんじゃないですか？」

「ありますよ」

広辞苑より分厚いチューブファイルが、目の前にドンと置かれました。紙がギチギチパンパンに押し込まれており、チューブのロックを外すのも一苦労です。中身は印刷したものですらなく、定型の用紙に手書きで内容が記載されています。

「なんで印刷じゃないんですか？」

「パソコンから印刷したって何の確認にもならないでしょう。手書きで一字一字確認することでしっかり確認するんです」

「へえ、そうなんですね」

ご丁寧にも、差し戻しになった分やその再申請も綴じ込まれているようでした。だからこの分厚さなんですね。しかし順番はバラバラ。ようやく高輪氏の口座情報の変更票を見つけ出した頃には日が傾き始めていました。

「これ、差し戻しが多くないですか？」

「ああ、これは、係印がまっすぐでしょう」

「何か悪いんですか？」

「左に傾けるのが社会人としての常識でしょう？」

「え、なんで？」

「上司にお辞儀しているように見えるようにですよ。システム課にはそんな常識もないんですか？」

「ええ、おかげさまで。じゃあ二回目の承認申請が却下されたのはなんでですか？」

「ほら、検印が掠れてるでしょう？　これじゃ誰が検印を押したか分からないじゃないですか」

「へえ、すごいですね」

まあ、確かに掠れてますが、名前は読めます。そんなことで差し戻しを繰り返すとは、もしかして異世界に転移したのではないかと思うぐらいのカルチャーショックです。

「その次の差し戻しは？」

「銀行名のＵＤＰのＤがＯみたいに見えるでしょう？　一字一句正しく書くのが経理の矜持ですから」

「……なるほど」

暇なんですかね、この人たち。

「矜持にケチを付けて恐縮なんですが、口座名義人、承認された変更票には『タカナワ　コウ』と書いてありますが、データベースには『タ**ナカ**ワコウ』で登録されてますよ」

「ええ!?　そんなはずは……!」

「ほら。タ・ナ・カ、ワ・コ・ウ」

画面を見せると、係長は青ざめます。

「**そんなはずはない!**　データベースがハッキングで書き換えられたんじゃないですか!?　これだけきちんと二重三重のチェックをしてるんですから、そんなことがあるはずがない」

「そんな地味な嫌がらせをするハッカーがいます？　まぁ可能性は否定しませんが、転記ミスの可能性も考えるべきではないかと……」

「いや、そんな間違いは絶対にあり得ません。セキュリティ担当の責任では？」

「私は今セキュリティ担当の責任を果たすためにここにいます。どちらの責任にせよ、二次災害を防ぐ必要があります。調査にご協力をお願いします」

「……分かりましたよ」

何やら不服そうですね、この人。

ふと、書類に『大至急』のハンコが押されていることに気がつきました。

「これ、なんで大至急だったか分かります？」

「ええと、担当した係員に確認しないと。ああ、成田さん？」

連れてこられたのは気の弱そうな新人でした。

「えっと、その……社長からのメールの指示で」

「社長から？」

「はい。重要な取引先だから優先して処理するようにとの指示でした」

「メールで？」

「はい」

成田さんの答えに係長は、えっという表情を見せます。私と同感のようです。

「そのメールを見せていただいてもいいですか？」

私は成田さんのＷＥＢメールの画面を閲覧します。社長からのメールは以下の通りでした。

From：車折秀一 <KURUMAZAKI@KYOKI-RAILWAY.C◯.JP>
件名：【最重要】高輪弼氏の振込先変更の件
成田さん

営業部から今日連絡があると思いますが、高輪弼（タカナワコウ）氏の口座変更の件、至急、最優先で処理するようお願いします。

高輪氏はぽん酢のデザインをご担当いただくなど、当社の重要なお取引先です。支払い遅れが発生しないよう細心の注意を。


「英賀保さん、一応確認ですが、本当に本当に、ゲイトウェイって読むんですか？『コウ』ではなくて？」

「本当だよ！　本人から直接聞いたことあるもん」

もはやキラキラネームですね。読み方が分からないというのは、それだけで事務ミスを引き起こすというリスクがあるわけです。

「じゃあ、高輪コウって誰ですか？」

「知らないよ！」

「……うーん、そもそも、社長がこんなメールを送るとは思えないんですよね」

私は今朝役員室にテレビを運び込んだときのことを思い出していました。

『メール？ってやつ、使い方がいまいちねぇ』

うーん……。

「分かる」

と、英賀保は頷きます。

「分かりますか」

「うん、広報課にいたとき、毎月の社長訓示の収録で会ってたけど、あれだよね。新しい言葉は好きだけど、メールとか全然なんだ」

「でもメールアドレスは正しいですし、秘書ですかね。ヘッダーを見るとＳＰＦがｐａｓｓになってるし……」

「何か違和感ある。オーの形、変じゃない？」

「はあ」

ふとメールヘッダーを見てみます。

「何か歪んでる」


KYOKI-RAILWAY.XN--C-K4T.JP

そこにあったのは国際化ドメイン名のPunycodeです。

そうか、このＷＥＢメールシステム、国際化ドメイン名をそのまま表示する仕様になっているのですね。

「この『〇』って、オーじゃなくて、漢数字のゼロですね。ホモグラフ攻撃です……」

「ホモグラフ攻撃？」

「はい。簡単に言うと、ドメイン名に紛らわしい文字を使って、本物かのように装うやつです」

「ほえ？」

「『ドメイン名例.jp』みたいな日本語のアドレスが流行ったことあったじゃないですか」

「あぁ、あったね。広報課でも『ぽん酢でダイエットドット何とか』っていうの、何個か準備してたよ」

「なんですかそれは」

「知りたい？」

「いや、全然。まぁ、それはともかく、英数字以外のいろんな文字を、ドメイン名として使えるようにする仕組みがあるんです」

「ドメイン名って？」

「うちの会社のアドレスで言えば、『kyoki-railway.co.jp』とか、『ぽん酢でダイエット.test』みたいなやつです」

「なるほど」

「本来は半角英数字と一部の記号しか使えないのですが、国際化ドメイン名の仕組みで、日本語などの文字も扱えるようになったのです」

Punycode：xn--eckwd4c7cu47r2wf.jp
←　→　自動変換される
表示上のドメイン名：ドメイン名例.jp

「へぇ、すごいね」
「で、この仕組みを悪用すると――」

Punycode：KYOKI-RAILWAY.XN--C-K4T.JP
←　→　自動変換される
表示上のドメイン名：KYOKI-RAILWAY.CO.JP

「こういう風に、見た目が似たドメイン名に化けるわけですね」
「へぇ、悪いことを考える人がいるんだね」

「これをホモグラフ攻撃って言うんです。ＪＰドメインでは、日本語文字と一部の記号しか使えませんが、．ｃｏｍドメインとかでは、英語のアルファベットに似た別の文字を使って、人を騙すことができるんです。例えば、英語のｏの代わりにギリシャ文字の*ο*（オミクロン）を使ったり、と」

「おかしいと思った」

「まとめましょう。営業部からの変更申請を受領する前に、社長を騙るメールを経理部の担当者が受信し、高輪弼氏の読み方をタカナワコウであると誤認。さらにタカナワコウをタカナワコウと見間違え、手書きの変更票に転記、誰も気付かずに承認されてしまった」

「ってことは、営業部にもメールが届いている可能性がありますね。高輪さんを騙るメールが」

調べたら、ありました。

From：合同会社高輪弼デザイン事務所 <TAKANAWA@T-GATEWAY.CO.JP>
件名：振込先変更のお願い
京姫鉄道株式会社 営業部
竹田様

いつもお世話になっております。
高輪です。
この度当事務所のメインバンクの合併にともない、振込先が変更となりました。つきましては、下記の通り、口座情報の変更をお願いできれば幸いです。
金融機関：播備播但神戸三田中央東西南北UDPそよかぜ銀行
支店名：本店営業部（001）
口座番号：普通 1119883
口座名義：タナカワコウ
お忙しいところ大変恐縮ですが、何卒よろしくお願いいたします。

アドレスの「CO」が「C〇」になってます。つまりこれは偽アドレス。しかも口座名義も偽物です。
この一ヶ月で名前が変更された先をデータベースから洗い出し、正当な振込先か総点検することとなりました。経理部の皆さん、手作業で頑張ってください。

情報はどこから漏れた

翌朝、影響調査や高輪氏への対応は別動部隊に引き継ぎ、私たちは情報漏えいの観点で調査を行うことになりました。偽メールの完成度があまりにも高すぎたからです。

伝送路上でメールを盗聴されたという可能性はそれほど高くないでしょう。少なくとも高輪氏とのメールのヘッダーを見る限りメールサーバー間の経路は暗号化されているからです。それよりも、不正ログインによって閲覧されたか、内部不正の方が可能性が高いはずです。

手始めに、メールサーバーを再チェックし、C○.jpのドメイン名に関係するメール一覧を確認しました。

結果、出てきたのは高輪氏に関係するものだけでした。つまり、この犯人はピンポイントに狙い撃ちをしてきたということなのでしょう。まぁ、当社で単発かつ突発的に大きな金額が動くと言えば、たぶんこの人しかいないからでしょうね。

弊社メールサーバーやＷＥＢメールのログイン履歴を確認します。ＷＥＢメールは社外のサービスですが、ログインは京姫鉄道のグローバルＩＰアドレスからしか行えないように制限されています。その設定通り、京姫鉄道のグローバルＩＰアドレスのみがログイン履歴に残っていました。

こうなると、高輪氏側が不正ログインの被害に遭っているという可能性もあります。しかし現段階で調査を依頼するのは得策ではなさそうです。

英賀保芽依が私の肩をつつきました。

「ねえねえ、退職者が怪しいんじゃない？」

「今日はやけに冴え渡ってますね。変な物でも食べましたか？」

「えへへ、情報セキュリティマネジメント試験の過去問にあったから」

「へぇ。もしかしてあなたが犯人では？」

「えぇえ、私じゃないよぉ。わざとアカネちゃんに迷惑をかけるなんて」

「例えば、構って欲しかったとか」

「あ、その手があったか」

英賀保は、ポンと手を叩きます。この人は犯人ではなさそうですね。むしろ余計な知恵を授けてしまったような。

しかし、退職者というのはあり得る話です。経理部の成田という名前の新人を知っているということは、つい最近退職した人でしょうか。その人から情報が漏えいしたか、あるいはその人自身が犯行に及んだか。もちろん、まぐれ当たりという可能性もありますが、高輪氏のメールの完成度も高いということも併せて考えると、無視できないリスクです。

「でも、成田さんが経理部に着任した日より後に退職した人はいませんね」

「じゃあ、在職者かな？」

「だとすれば、新人でしょうね。普通なら社長があんなメールを送らないことは知っているはずです」

「じゃあ成田さん？」

「でも成田さんは高輪さんからのメールを受信できる立場にないはずですよね」

「うーん、じゃあ、営業部の人って可能性は？」

「それを考えていたところです。一人一人尋問しましょうか」

「正直に話す人なんていないと思うけど」

「大丈夫。國鉄の敷地内に連れて行けば、篠山が銃で脅してくれますよ」

「だめだよ！」

　ふと、背後に邪悪な気配を感じました。振り返る間もなく、肩に手を回されます。

「アカネ～！　私が何だって？」

「どなた様ですか」

「國鉄公安の篠山砂沙美であります！　来ちゃった」

　ああ、ささみん来ちゃいました。

「来ちゃった、じゃないですよ……。どこから入ってきたんですか」

　私の問いに篠山は窓を指差します。

「はぁ……窓から」

「嘘だよん。今日は普通に玄関から。入館証もあるし」

「今日は、ねぇ……」

　こいつが犯人って可能性もありますね。窓から侵入して情報を盗んで……。といっても、篠山は私の同類ですから、そんな面倒くさいこと絶対にしないでしょうけどね。たった数千万円のことで人生を棒に振るなんて、面倒くさすぎて割に合いません。

　私も不当逮捕された後に不起訴になったことがありますが、あんな面倒は御免被りたい。

「……で、何の用ですか」

　すると、篠山は両手を挙げて、喚きました。

「H．I．M．A．ヒマ！」

　またそれですか。

「へぇ、國鉄はよろしおすなぁ」

「で、オリンピック対応の情報交換に来たってわけ」

「あぁ、オリンピック。懐かしい響きですね」

そこに、英賀保が冷静にツッコミます。

「アカネちゃん、まだ開催期間中だよ」

篠山が銃に頬ずりしながら私に問います。

「で、この子が何だって？」

おいおい、國鉄公安、敷地外で銃を出していいんですかね？

「詳しくは話せませんが、社内からの情報漏えいが疑われるので、部署全員を尋問してもらおうという話です」

「いいよ。この子が火を噴くぜ」

篠山の奴、セーフティを外そうとします。

「あ、やっぱやめときます」

「え～⁉ 武士に二言なしって言うじゃん」

「私武士じゃありませんし」

「つか、社内からの情報漏えいだったら、証拠確保が先決でしょーん。あとログの確保は絶対にやっとかないと」

「そのあたりは警察がやってくれるんじゃないですかね」

「どうだか」

「ここの県警は有能ですからね。少なくとも、隠しジョーク機能ごときで私を逮捕したあなたに比べたら」

　そうです。去年、私は不正指令電磁的記録供用罪で、國鉄公安のこいつに不当逮捕されたのです*。まあ、不起訴でしたが、ストレスで数キロ痩せました。逮捕ｄｅダイエット、おすすめです。

「ははは。あれは、先手を打ったのだよ。あの時は賛否両論あるコインハイブ**やら、無限アラートのジョークスクリプトで検挙する動きがあるって噂があったんだよね〜。オリンピック前の検挙広報キャンペーン？」

「はぁ」

「あんなしょぼい、実害もなければ、『プログラムに対する社会一般の信頼』を毀損するほどで

*不正指令電磁的記録に関する罪の問題点についてはページ数の都合上割愛しますが、マンガ版こうしす！＠ＩＴ掲載回をご覧ください。「『一回転』でググれ」と言ったら、逮捕されますか？ https://www.atmarkit.co.jp/ait/articles/1904/23/news009.html
**コインハイブ事件の判決は、二〇一九年十二月時点では未確定。

もない奴をだよ。だから、真っ先に不起訴の実績を作って、出鼻を挫く必要があったってわけ」

篠山はけらけらと笑います。笑い事ではありません。

「……私は犠牲者……」

「いーじゃんいーじゃん、我々技術者の未来のための殉死者だよ。不正指令電磁的記録に関する罪の法運用はもっと慎重であるべきなんだってことを知らしめた」

「私まだ死んでませんが……不正指令電磁的記録……そうか。これってスパイウェアの可能性もありますね」

ぽかーんと口を開けていた英賀保芽依が、突然キラリと目を輝かせました。

「スパイウェア知ってる！　コンピューターに潜んで情報を盗み、その情報をどこかに送るっていう悪い奴だよね！」

すると篠山が怪訝そうな目で英賀保を見てから、私に小声で尋ねました。

「アカネ、この子、なんか変なものでも食べたの？」

「食べたんじゃないですか？」

「ねー」

篠山は、この前まで何も知らなかったくせにと言いたげに冷たい視線を送ります。対する英賀保はぷくっと頬を膨らませました。

「二人とも酷いよ！」

スパイはどこにいる

首根っこを掴んで篠山を放逐した後、私たちはスパイを捜すことにしました。退職者かもしれませんし、社内の人間かもしれません。もしかしたら委託先や、スパイウェアの仕業かもしれません。まあ、念のため付け加えれば、篠山の可能性も。

そう、誰だって犯人になり得るのです。

とりあえず、篠山のすすめに従って、まずはログの保全を行いました。まあ、全線運休事件の教訓として大抵のログは種類に応じて数ヶ月から数年保存されているのですが、それぞれのL2スイッチレベルのログなどはまだ網羅できていなかったりします。

例えば、フロアスイッチの通信ログの一元管理は、延び延びになっていました。本当はNetFlowとかで統一できればいいのですが、まあ、例のごとくベンダーも導入時期もバラバラですし、sFlowにしか対応してなかったり、そもそもまともなログ機能がなかったりとか云々。

「少佐、コアスイッチの通信ログってどうなってます？」

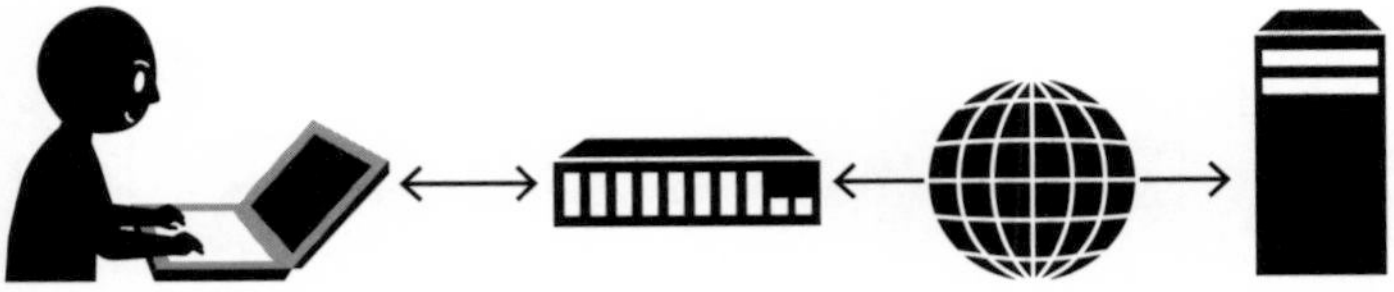

するとき、少佐はキメ顔で答えました。

「あれはOpenFlowスイッチだ。頑張ればなんでもできる」

「頑張らなければ?」

「何もできない」

「頑張ってますか?」

「頑張ってない」

「でしょうね」

仕方ないのでコントローラにアクセスし、とりあえずフローテーブルの内容を書き出しておきます。

「そういえば、ミラーポートにネットワークモニタリング用のプローブを接続してましたよね」

「今は頑張ってないが」

「役に立ちませんね。今からでも頑張って叩き起こしてください。情報漏えいの調査に使います」

同時にメールヘッダーを調べてみますが、直接役に立ちそうな情報はありませんでした。とりあえず、これは後々の民事訴訟の証拠や、警察に提出する証拠として印刷しておきましょう。

あとは、主に営業部や経理部が使用するファイルサーバーについても、運用担当に依頼して夜間にディスクイメージのダンプを取っておきました。念のためです。

そして、ログ解析を始めます。

まず最初に確認するのはプロキシ兼ＵＴＭのログです。弊社では、インターネットへの通信は一旦社内のプロキシサーバーを通過するようになっています。ＴＬＳで暗号化されている通信については、ドメイン名しか分かりません。

プロキシサーバーに搭載されている中間者攻撃的な機能を有効にすれば、一旦復号して通信内容を記録することが可能です。しかし、それはそれで課題があります。

・余計な機密情報をログに残してしまうリスク
・パフォーマンスの低下による苦情対応コスト
・自己署名証明書の管理や各ＰＣへのインストールの手間

したがって、弊社の場合は上手く運用できそうになかったので、この機能は有効にしていません。

とりあえずは接続先のドメイン名やIPアドレスを確認し、定期的に何かを送信しているような不審な通信が記録されていないかを確かめます。しかし、大抵引っかかるのはYouTubeとかTwitterとか——。ああ、みんな仕事しているふりが上手いですね。あ、マーケティング（笑）ですか。

変な時間に送信しているような記録もないですし、怪しいアドレスなんかも見つかりません。もちろんC〇.JPを使った偽ドメインや、そのIPアドレスも探してみますが、何も引っかかりません。

これは困りました。

ログがたくさんあっても、砂浜で特定の砂粒一つを探すようなものです。

「そもそも見立てが間違ってるんですかね……」

「はい、アカネちゃん」

コトンと缶コーヒーが置かれました。私の好きな、とても甘いやつです。頭脳労働にはこれが欠かせません。顔を上げると英賀保でした。

「ああどうも」

「私がもっと力になれたらいいんだけど」

そう言いながら、英賀保は隣に座ります。

「そうですね。もう、あなたの能力で、情報漏えいの原因を作った人のスマホを爆破してください。そういう小説あるじゃないですか」

「……アカネちゃん、大丈夫？」

英賀保は私の顔を心配そうに覗き込みます。

なぜ、こやつに心配されなければならんのでしょう。最近のネット小説、ハッカーがスマホを爆破しすぎですよね、ということをですね——。

「……あれ、何か臭いません？」

「そういえば、セロリを焦がしたような」

と、その時でした。

ボンッという爆発音。机に火柱が上がりました。私は慌てて英賀保を庇います。部屋にはたちまち煙が充満。咳き込みながら廊下に飛び出します。

すばやく視線を左右に走らせます。

ありました、消火器。

英賀保を通報に向かわせ、私は消火器のノズルを机の上の炎に向けました。そして、噴射。

「うおっ!?」

ノズルが暴れます。

無事、初期消火に成功しましたが、無残にも丸焦げになったスマホが。

戻ってきた英賀保が嘆きます。

「あぁ、私のスマホが……！」

一方、私は粉まみれ。

「……なるほど、情報漏えいの原因はあなたでしたか」

「私何もしてないよ！」

あれ、胸が熱い。

いや、なんか感動したとかそういうわけでなく、物理的に。

私は慌てて胸ポケットからスマホを出し、放り投げました。直後——。

ボンッ！

例に漏れず爆発炎上。

消火器で消火……。

「うおっ」

「ぎゃっ」

ノズルが暴れ、粉まみれ。勢い強すぎませんかね、この消火器。二人とも真っ白です。

……。

あれ、私のスマホも爆発したってことは、私も情報漏えいの原因を作ったってことなんですかね……。

「英賀保さん、分かりました。分かったのでもうやめてください」

「だから、私何もしてないよ!」

幸いにも、ボヤ騒ぎの影響は、私たち二人に留まったようでした。

英賀保のおかげ(?)で、少し考えを改めることとなりました。無意識のうちに自分を原因から除外していました。一つ反省です。

被害届

山家宏佳 SIDE

私はこめかみを抑えた。なぜこの人には話が通じないだろうか。

サイバー犯罪は時間との勝負だ。手をこまねいているうちに、自社内のログはもちろん、通信会社のログ、監視カメラの映像も消えていくことだろう。既に事件発生からかなりの時間が経ってしまっている。行動を起こすには遅すぎたぐらいなのだ。しかし——

「あのね、お宅さんね。詐欺かどうか分からん段階でね、警察も動きようがないでしょ」

中年男性の警察官が、鼻毛を抜きながらそう答える。

私がシステム課の課長になってからというもの、分からず屋と話をする機会が増えた。だが、ここまで酷い相手は初めてだった。それでも、同席している法務部の担当は、健気に反論する。

「詐欺罪の構成要件は全部満たしてるじゃないですか。なぜ、被害届を受理しないのですか」

彼女は、私よりも一回り若い。仕事用の鞄に、マグロ握り寿司のキーホルダーをぶら下げているような、イマドキの若手だ。だからだろうか、警察官は、やれやれといった表情で答える。

「じゃあね、相手が本当に騙そうとしてたってどうやって分かるの。騙すつもりでやってなかったら、犯罪を構成しないの。だったら、詐欺罪で起訴できないでしょうが」

「明らかに偽メールで騙そうとしているじゃないですか」

「そもそもねぇ、口座名義が全然違うのに、騙されるお宅の社員がおかしいの。お宅の社員も、内心ちょっとおかしいなって思ってたんじゃないの？」

「では告訴状を出しますので」

彼女は無表情で、鞄の中から告訴状を取り出した。若さって良いなと思う。だが、警察官は煙たそうに一瞥しただけだった。

「じゃあ、コピーだけ取って検討するんで、それでいいでしょう」

「いえ、原本を受理してください。コピーは弊社にいくらでもあるので」

「あのねぇ、この内容では、起訴できるかどうか分からないの。分かる？　犯人も分からないし、証拠も足りないでしょう」

「それを調べるのが警察の皆さんのお仕事なのでは？」

「もしこれが犯罪じゃなかったら、虚偽告訴罪になるけどいいの？」

「虚偽のはずがないでしょ！」

「まぁまぁまぁまぁ。虚偽告訴罪にも未必の故意っていうのがあるんだから。ね？　虚偽になっても構わないって思いながら、告訴するのも犯罪。分かる？　そうなったら、あなた、責任取れるの？」

「……ぐ」

　彼女は下唇を噛みながら、警察官を睨み付けた。

　犯罪になるかならないかというレベルで責任が取れるかとなれば、取締役を引っ張り出してくるしかない。だが、責任を取るというのは、経営者という人種が最も嫌うことだ。だから、サラリーで食べているに過ぎない我々には、何もできることはない。悔しいけれど、こうなれば、あとは顧問弁護士を説得して、何とか動いてもらうしかないだろう。

　今私にできるのは、帰り道で、回転寿司のチェーン店で奢るぐらいのことだった。本当は回らない寿司屋にでも連れて行ってあげたいけれど。

「詐欺っていうのは、警察に動いてもらうのが難しいんです。大学の授業で聞いた通りでした。例えば、もしこのマグロの寿司が本当はアカマンボウの寿司だったとしても、このお店を詐欺罪には問えないんです。マグロがこの値段って、ちょっとおかしいなって思いますよね」

　彼女はそう言って、正体不明の寿司を口に放り込む。

「そうなの……」

「だから、警察も責任を取りたくないんですよ。私と一緒で。すみません、お力になれず」

彼女は口をもぐもぐとさせながら、無念そうに微笑んだ。私は、何よりも若手にそんな思いをさせてしまった自分が不甲斐なかった。

駆逐したはずの……

祝園アカネ SIDE

調査を続行すると、一つのログが目に留まりました。

「あ、これ」

それは、プロキシのログに記録されたユーザーエージェント文字列でした。

Mozilla/5.0 (**Windows NT 6.1**; Trident/7.0; rv:11.0) like Gecko

Windows NT 6.1……つまり、Windows 7のことです。サポートが切れたWindows 7です。駆逐したはずでは。

「少佐、Windows 10へのアップグレードって終わってましたよね、全部」

「そのはずだが」

「垂水主任、Windows 7のパソコンって、記録上はどうなってます？」

「残ってないよ？　祝園主任」

それなのに、まだプロキシのログに記録され続けている。何かを見落としていたのです。Windows 7からWindows 10へのアップグレード作業の時に。私に原因がある……というのは、もしかして、そういうことなんでしょうか。

「アカネちゃん、何か分かったの？」

「はい。関係あるか分かりませんが、たぶんWindows 7のパソコンが残っているんですよ。営業部に」

そう、そのＩＰアドレスは営業部のプライベートＩＰアドレスでした。

10.31.105.12

これは、ネットワークに接続されたパソコンなどの機器に、DHCPで自動的に割り当てられたＩＰアドレスです。

DHCPサーバーのログから、過去にそのＩＰアドレスに割り当てられていたＰＣのＭＡＣアドレスを割り出しました。過去数日間は同じＰＣに割り当てられているようですね。

84:38:35:xx:xx:xx

ＭＡＣアドレスとは、いわばネットワークインターフェースの製造番号のようなもので、原則として世界に一つだけの番号です。したがって、ＭＡＣアドレスは、ネットワークに接続している機器を特定するためにも使えます。

```
2020/07/01-    10.31.105.12
2020/06/01-30  10.31.105.10
2020/05/01-31  10.31.105.18
2020/04/25-30  10.31.92.30
2020/04/01-25  10.31.105.22
:
2017/04/01-16  10.31.92.59
```

10.31.92.xxは広報部広報課のIPアドレスです。ということは、この機器は、広報課と営業部を行き来しているということなのでしょう。少なくとも、ログの保存を始めた三年前から。

「英賀保さん、二〇一七年四月は、まだ広報課の所属でしたよね」

「ええと……」

「あの全線運休事件が起きた月です」

「ああ！　そうだよ」

「営業部と行き来してませんでしたか？」

「うん。ぽん酢の件の打ち合わせで、高輪さんとの打ち合わせもあったし、広報から高輪さんに直で依頼することもあったし」

「その時、何かパソコンとか持ち歩いてませんでしたか？」

例外として、手動設定によりMACアドレスが変更されている場合、MACアドレスのランダム化が行われている場合、外付けのネットワークインターフェース（USB接続のWi-fiアダプターなど）を複数機器で使い回しているケースなどでは、機器を特定することができないことがあります。

「うーん、私、パソコンには触らせてもらえなかったから……」

私は、並行して、ＭＡＣアドレスの先頭3オクテット『84：38：35』をインターネットで調べていました。これはベンダーコードと言って、製造元を表す番号です。その製造元とは――。

Apple, Inc.

「例えば、アップルの」

「アップル？　あ、リンゴマークのノートパソコン、あった。何かリンゴマーク光ってかわいいなーって思ってた」

Macは P C ではない派の皆様に喧嘩を売ってしまいそうな発言ですね……。皆様各位には英賀保に代わって陳謝いたします。

「何のためにわざわざMacを？」

「きーのーと？とか、ぱわぽ？ってやつでプレゼンするときに使ってた」

「なるほど」

「えっと……。そうそう、思い出した。確か、高輪さんが送ってくるデータは普通のパソコンでは開けないからって、広報部の予算で買ったやつだよ。十万円以下で手配しなきゃって、あちこち型落ち品探して経費申請書いたっけ」

もしかすると、英賀保も情報漏えいの原因を作った犯人ということになるのかもしれません。

すると、垂水先輩が割り込んできました。

「確かに、MacBook Air、一台あるよ。13-inch Mid 2013が」

「それがWindows 7のアップグレードから漏れてたんですよ」

垂水先輩は目が点になります。

「なんで？ MacだからWindows関係ないでしょ」

「……きっと、BootCampか、仮想マシンですよ……」

「ああ！ **そのMacBookにWindows 7がインストールされていたってことか**」

「はい、おそらく。ＷＥＢメールとかはInternet Exprolerじゃないと確認できないので……」

そう。

すっかり見落としていました。もし、このMacBook Air上のWindows 7が情報漏えいの原因だったならば、原因を作ったのは私でもあるということになるのでしょう。確かに資産台帳からWindows 7がインストールされているＰＣの一覧を作成しましたが、MacBookはmacOSだろうと考え、条件から除外していたのです。

「課長、そのMacBookを調べてきます。あ、そういえば、警察の捜査はどうなってますか？」

「それがね、被害届の受理で揉めてるみたい。まだ、これが詐欺とは分からないとかで」

まぁ、内部犯の場合は話が変わってきますからね。

「じゃあ、こっちで調べてもいいですよね」

「本当は『良い』とは言えないけど、今は、経緯を調べるのが先決だから……」

まあ、確かに本来はこういった作業はフォレンジックのプロに依頼するのがベストです。素人が行えば、重要な痕跡を消してしまう結果になるかもしれないからです。さらに、裁判の証拠にするためには、ちゃんとした手順で行う必要があります。

しかし、今のところ、それには期待できません。警察もやる気がないみたいですし、調査会社に金を払うような弊社ではありません。それでなくてもぽん酢の売上がどうのこうので騒いでいるぐらいですからね。

「でも、最低二人で作業して。できるだけ、シャットダウンはせずに。あとは……、一応念のため、ビデオカメラで作業を記録しておいてね。うちにはあまり適切なマニュアルがないけど、信号通信区のインシデント記録マニュアルを準用できるとは思う」

「はい」

「その前に、少佐君、そのIPアドレスとMACアドレスで怪しげな通信が記録されていないか確認して。プロキシを通らないプロトコルの可能性もあるから」

やっと出番が訪れた少佐は、嬉しそうに返事をします。

「アイ、マム。コアスイッチに接続したプローブで情報収集中です。ちょうど、今、そのMacからの通信が記録されてます」

「どう？」

「ほぼ社内のサーバー宛です。WEBメールサーバー、プロキシサーバー……」

「ほぼ？　直接社外宛のアドレスへの通信があるの？」

「UDPポート53宛、つまりDNSです」

すると、山家課長の表情が変わりました。

「でも普通はDHCPで割り当てられた社内のDNSキャッシュサーバーに問い合わせるはず。外部に出ていくとすれば、送信元IPアドレスはDNSキャッシュサーバーになるはず」

「仮想ネットワークに接続する仮想マシンには、DHCPでアドレスが割り当てられないのでは」

「でも、ホストPCに設定されているDNSサーバーを使うんじゃない？　社外のDNSサーバーを使う？」

「確かに」

私は少佐のパソコンの画面を覗き込みます。

「送信先のIPは？　8.8.8.8とかじゃないですか？　ネット情報を見た人が勝手に設定してト

ラブったり、よくあるじゃないですか」

「いや、見たことはないアドレスだな……」

「通信内容はどうなってますか？」

「内容は不明だ。少なくとも真っ当なＤＮＳクエリではない。圧縮か、暗号化されている可能性がある。今すぐには特定できないだろう」

「じゃあ、現物確認するしかないですね」

「そのMacBookは今どこに？」

DNS（Domain Name System）とは、ＷＥＢサイトを閲覧するとき、ドメイン名からＩＰアドレスを取得するために用いられるシステムです。例えば、ブラウザで「https://example.jp」というＵＲＬにアクセスする際、ドメイン名「example.jp」からＩＰアドレス「203.0.113.1」を取得するという処理が行われます。この取得のためにUDPポート53宛の通信が発生します。この通信を偽装して、攻撃者のコンピューターに情報を転送されてしまうこともあります。

山家課長に問われ、今度は私が調べます。

「調べます」

営業部のＬ２スイッチにログインして、探してみますが見つかりません。それもそのはず、MacBook Airには有線ＬＡＮポートはありません。無線ＬＡＮのコントローラを調べます。

「ありました。第一応接室のアクセスポイントです。営業部用のSSIDですね」

Google Public DNSのＩＰアドレス。Googleが無償提供している公開DNSキャッシュサーバー。ネットワークの設定でGoogle Public DNSをDNSサーバーに設定することで、ネットの閲覧速度が向上すると言われている。しかし、社内ネットワークでこれを設定した場合、ローカルのドメイン名を解決できなくなり、トラブルの原因となる。

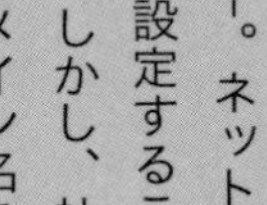

突入

「失礼します」

私はドアをノックせず、第一応接室に突入しました。

居酒屋の団体用個室よりは少し広いぐらいの部屋の中央に、杉の一枚板で作られた重厚な机がでんと置かれています。それを取り囲むおじ様方が、あんぐりと口を開けて私を見ました。

「あの人が高輪さんだよ」

英賀保が耳打ちしました。

上座に座っているのは、黒縁メガネにヒゲ。一人だけ色つきのワイシャツ姿の、四十代ぐらいの男性です。なるほど、確かにデザイナーっぽい風貌です。その隣に座っているのは、渋い初老の男性。仕立ての良いスーツの襟に、金色のバッジが見えます。ああ、あの人が高輪氏側の弁護士でしょうか。一方、向かい側には弊社の顧問弁護士の姿があります。なるほど、何と間の悪い。

我に返った一人が私に駆け寄ってきて、顔をプルプルと震わせました。

「困るよ！　今大切な会議なんだ」

小声でそう言います。

そして、スクリーンには振込が遅延した経緯と思われるスライドが映し出されていました。まだ弁護士が何も話していないところを見ると、お互いにアドバイザーとして同席させているだけなのでしょう。とはいえ、一触即発の状況には変わりありません。

ここで引き下がるべきか、それとも――。

いや、このチャンスを逃せば次はない可能性もあります。もし今C&Cサーバーが証拠隠滅コマンドを送っていたとしたら――。

「システム課の祝園です。緊急につき失礼します」

私はプロジェクターの付近に目を遣ります。件のMacBook Airは、プロジェクターに接続されていました。私は駆け寄り、発表をしていた気弱そうな男性社員を押しのけました。カメラを持った英賀保が、私の後に続きます。

「英賀保さん、オンフックで時報を鳴らしてください」

「おっけー」

英賀保は、少し気まずそうに小声で応じました。

これは、当社の鉄道重大インシデント対応マニュアルに従ったもので、時刻を正確に記録す

るためのものです。そして、サーバーの時刻に合わせた懐中時計と、パソコンの時刻が一致していることを確認します。いわば鉄道員仕草といったところです。

「何をしてるんだ。後にしなさい」

「だめです。今やる必要があることです」

「見て分からないのか」

「分かりますよ。だからこそです。情報漏えいが起きたとすれば、このパソコンが鍵を握っているかもしれないのです」

するとと、高輪氏が激昂して立ち上がりました。

「**Macはパソコンじゃない！**」

あ、そこですか。

顔を真っ赤にして怒るようなことなのかは分かりませんが……。

「あ、すみません、言い間違えました。Macの中で動く仮想の……つまりバーチャルのパソコンです」

「……なら問題ないです」

高輪氏はすとんと椅子に座りました。

問題ないんかい。

「これから、このパ、仮想のパソコンのデータを保全します。予想では、スパイウェアのような何かに感染しているかもしれません。これが法的に正式な方法かは分かりませんが、今しか記録できないことがあります」

先方の弁護士と、弊社の顧問弁護士が同時に身を乗り出して、何かを言い出そうとします。

「……見ていましょう」

高輪氏がそう言いました。

この状況では、逆に証拠隠滅を疑われることも考えられます。私は作業の内容を逐一説明することとしました。

「まず、このパ、Macが不審な通信の発信源かどうかを確認します。これはＭＡＣアドレスという製造番号のようなもので判別できます」

私はそう話しながら、システム情報から無線ＬＡＮインターフェースのＭＡＣアドレスを確認して、メモと照合します。

「確認できました。これがそのMacです」

弊社側の社員は動揺した様子で顧問弁護士と視線を交わします。

「次に、この中にある仮想のパソコンについて確認します。このなかでWindowsが動いているはずです」

私はWindows 7が動作中であることを確認しました。Internet ExplorerにWEBメールの画面が表示されていることを確認します。

「ここで、スナップショットを作成します。スナップショットというのは、この仮想のパソコンの今この瞬間の状態を保存し、後から再現できるようにするためのものです。メインメモリとディスクイメージを保存します」

これが必ずしも証拠保全のために適切な手段とは言えません。もしMac側にマルウェアが感染していたなら、その証拠を破壊してしまう可能性があります。しかし今回は、仮想マシン内のWindows 7だけに感染していると仮定すれば、状態の保存手段としては悪くないでしょう。つまり賭けです。

「保存された内容のバックアップを取ります」

そのまま、Windowsを一時停止させ、ディスクイメージファイルとメモリ状態のファイルを、予め用意していたサーバーにアップロードしました。

「ファイルのハッシュ値を確認します。ハッシュ値というのは――」

困りました。ハッシュ値をどう説明すれば良いのか。一方向性関数なんて話をしても伝わらないでしょうし。

「データの内容を要約したもの、だよね？」

と、英賀保が言います。

私としたことが、英賀保に助け船を出されてしまいました。

「そんな感じのものです。同じデータなら同じ値になることから、後で改ざんチェックを行うために用いられるものです」

高輪氏側は納得したような表情ですが、弊社側はぽかんと口を開けています。このリテラシーの差よ。

「つまりですね、ブロックチェーンで改ざんを防止するためにも使用されている技術ですよ」

あ～といった表情を浮かべる弊社サイド。この人たち、絶対に勘違いしてますが、作業を進めます。

まず、コピー元の仮想ＰＣのディスクイメージとメモリ状態、ＳＨＡ－２（ＳＨＡ－５１２）ハッシュ値を取得します。

```
$ find . -type f -exec shasum -a 512 {} \;
```

```
：
565e7c3c4acd3b9eb38fea039e8a9b27ab95cea9ef5ad9a45ab5ca850fbceb2f468d499db7a8644bcf205e4b
72cf82242e1719fbec54abde114e876f7ee11a9a  ./Snapshots/  {8577cdb7-f871-410f-ab62-
423feae0a379} .sav
f64c9ad36be3f2d822c3efd15cb82c623db87656b6e90baf3812c5dc0c247ac07bf96855b517f5497856bfed4
8545a4ef8dfeadcae50eeaaf63112ccae74178e  ./Snapshots/  {8577cdb7-f871-410f-ab62-
423feae0a379} .pvi
610334f8f3acf3e0ffc69894e6328117c8f5e0966e5c021b09b5744058a4eefa1911ffde1916d771dfb955b9cf
cadee01c0d8e21d6d2974b3178318ca0e06dd2  ./Snapshots/  {8577cdb7-f871-410f-ab62-
423feae0a379} .dat
：
```

バックアップ先でも同じようにハッシュ値を確認し、合致することを確認しました。

「英賀保さん、これはとても大切な値です。あとで改ざんがないことを確認するために必要となります。

カメラでちゃんと写るように録画してください。皆さんも、携帯を持っておられる方がいたら、写真を撮ってください」

スクリーンに映されたその画面を何人かが撮影します。

「ご協力ありがとうございました」

「何か分かったのかね」

証拠保全の際には、『ハッシュ値は、同一性の補強を行うため、できるだけビット数の高い、衝突耐性の高いアルゴリズムを選定する（MD5よりSHA-2等）。また、一種類のハッシュ値だけに依存せず、可能であれば二種類のハッシュ値を取得することが望ましい（例：SHA-2等）』とされています。
引用元：特定非営利活動法人デジタル・フォレンジック研究会（2018），「証拠保全ガイドライン第7版」P30, https://digitalforensic.jp/wp-content/uploads/2018/10/guideline_7.1.pdf

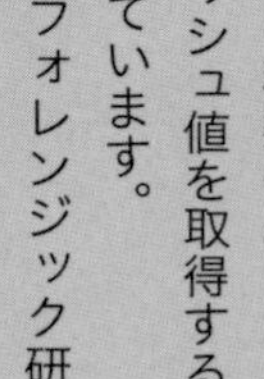

「いえ、これからです。これから、システム課に戻り、このデータの分析を行います」

私たちはMacBookを回収し、システム課に戻りました。

どうせここにいても居たたまれないだけですからね

分析

これで何も見つからなかったらどうしよう。

実のところ私は不安でいっぱいでした。デジタルフォレンジックの専門家からすれば超乱暴な手段でデータを保全したからです。これでディスクイメージから何も見つからなければ、無駄足だっただけでなく、証拠を隠滅したとみなされて、訴訟沙汰に巻き込まれてしまうかもしれません。

先ほどアップロードしたディスクイメージを変換し、Linux上で読み取り専用としてマウントします。

そこで分かったのは、Internet Explorerに怪しげな拡張機能《アドオン》がインストールされているということでした。

「少佐、このアドオン何か分かりますか？」

　すると、少佐は片眉を吊り上げます。

「機械語も読めないとは、技術者とは言えない」

「はいはい。どうせ技術者じゃないので、何とかしてください」

　少佐はバイナリエディタを開きます。

「機械語というかバイトコードだな、これ。MSILだ。ＣＯＭ相互運用機能を使って実装されているようだ。System.Net.Sockets.dllを使っているな。System.Net.Sockets.UdpClientクラスを使っている*」

　なんでバイナリエディタだけでそこまで分かるんでしょうね。ちょっと引きます。MSILだとしても、普通逆アセンブルぐらいすると思うんですが……。

「コンストラクタに引き渡されている値は……あのＩＰアドレスのポート53番だ」

「つまり謎の通信を発信していたのは、このアドオンなんですね。しかもＤＮＳを装って通信していた」

「おそらくな」

「さっきの送信内容を復号できますか？」

「ここにあるのは、ＲＳＡの公開鍵だから復号は現実的には無理だ」

「……そうですか」

「だが、コードを見る限り、どうやらアクセスしたURLと、Cookieの内容を送信しているようだ」

「ってことは、セッションIDとかも含まれていますよね」

「つまり、セッションハイジャック目的だな」

「その可能性は高そうですね」

「WEBメールって、外部のサービスなので、セッションIDが生きてたら、外部からも閲覧できましたよね」

「ああ」

「至急、WEBメールのセッションを無効化してください」

一方で、英賀保はぽかんと口を開けて固まっています。

仕方ありません、セキュリティ担当としてはこれぐらいは知っておかなければなりません。

「さて、英賀保さん。セッションハイジャックとは何かを説明してください」

「……セッションハイジャック？　何か聞いたことがある」

「カンペ見ても良いですよ」

＊「.NET Framework」上で動作するプログラムで、何らかの通信機能が実装されているという意味。

「大丈夫！　思い出した。通信を乗っ取るやつだよね」

「はい。今回の件、まだ確証はありませんが、営業部とＷＥＢメールシステム間の通信が第三者に乗っ取られたと考えられます」

「でも、なんのこっちゃ」

「英賀保さん、再入場可能な遊園地って行ったことあります？」

「……ある」

「手に日替わりのスタンプを押されて、そのスタンプがあれば、当日は再入場できるってやつあるじゃないですか」

「うん」

「じゃあ、そのスタンプを盗撮して、スタンプ偽造したら、実際チケットを買ってなくても入り放題じゃありませんか？」

「そうだね」

「つまり、スタンプがあれば、正当に入場した人に成りすまして遊園地で遊べるのです」

「今回の件は、遊園地がＷＥＢメール、押してもらったスタンプがセッションＩＤにあたります。営業部の人が正当にＷＥＢメールに入って、スタンプを押して、つまりセッションＩＤを発行してもらいました。ところが、悪い人がそれを盗み見ていて、スタンプを偽造しました。

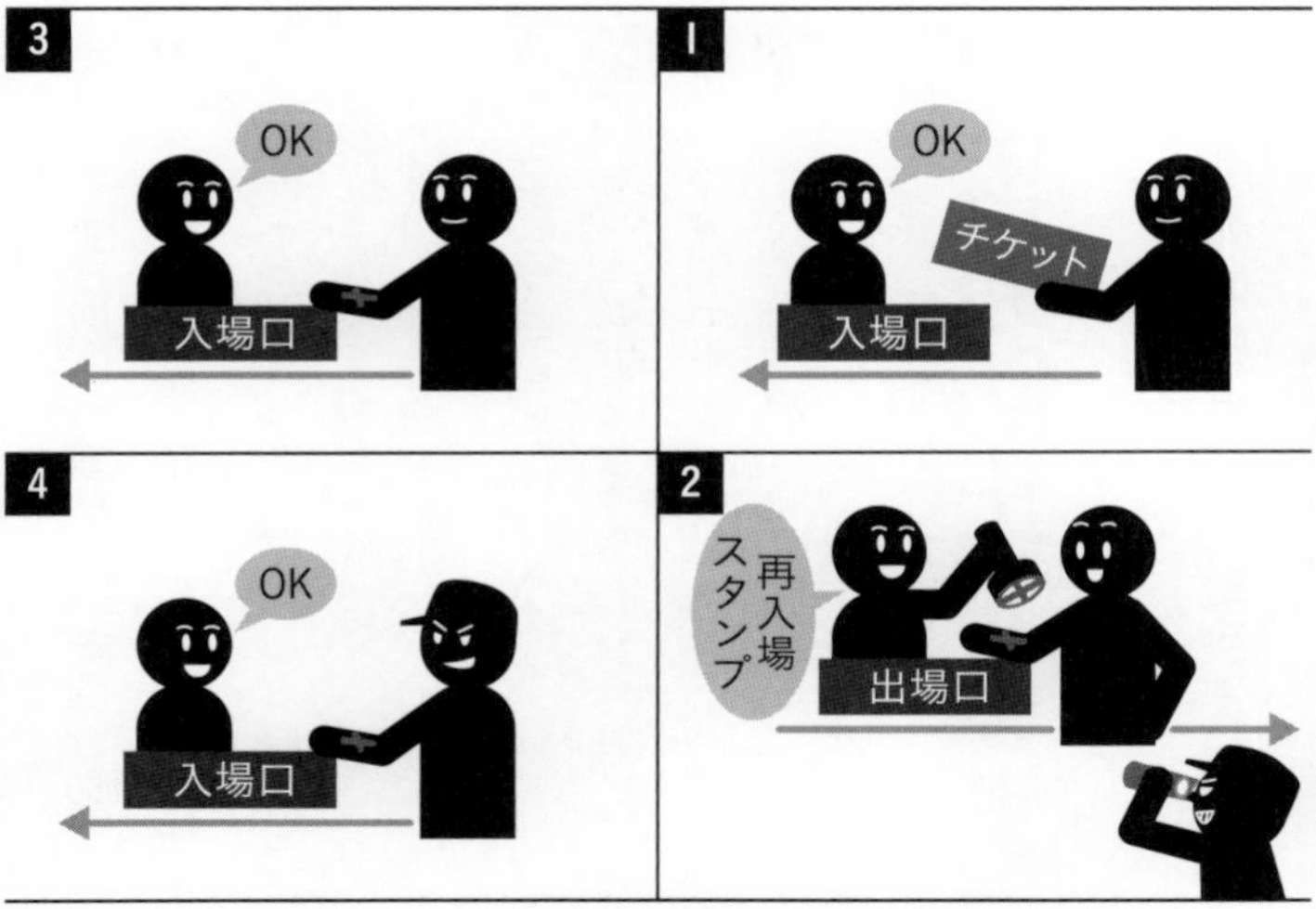

悪い人も営業部の人のふりをしてWEBメールに入り放題になったわけです」

「待って。でもスタンプを盗撮するの？　どこにもセッションIDとか見えないけど」

『Cookie』をどう説明すれば良いか悩みます。

「確かに表には見えませんが、ログインしたときにパソコンの中に記録され、サイトにアクセスする度に自動的に送信されるんです。その情報を盗めばいいわけです。何を使えばそれをできますか？」

「……スパイウェア？」

「正解です」

「ええ、じゃあ、それで営業部のメールを全部盗み見られたかもしれないってこと？」

「おそらくは、そうなりますね。だからメールの文面がリアルだったのです」

後日の調査で、色々なことが明らかとなりました。

攻撃の試行自体は数年前から行われていました。しかし、去年までは幸いにもマルウェアに感染していませんでした。当該ＰＣの使用頻度が低かったこと、サポート期限まではそれなりに自動的にセキュリティアップデートが適用されていたこと、添付ファイルはmacOS側で開いていたことが考えられます。

しかし、サポート期限切れの後、セキュリティアップデートは来なくなりました。そして、Internet Explorerの脆弱性により、悪意のあるＷＥＢサイトを閲覧しただけで任意のコマンドが実行される状態となりました。偽メールに記載されたリンクをクリックしたことにより、悪意のあるＷＥＢサイトを閲覧、スパイウェアに感染したのです。Internet Explorerのキャッシュには、その痕跡が残っていました。

再発防止できますか？

「つまり、今回の事件は、Windows 7のアップグレード漏れがあったこと、標的型攻撃を受けスパイウェアに感染したこと、メールの内容が漏えいしたこと、成りすましメールを見破れなかったこと、口座変更申請を経理部が見破れなかったことが重なって起きたってことなのね」

「聞きましたが、今回、振り込んだ先の口座は、名義貸しだったみたいですね」

「そう。借金に困って質入れでもしたんでしょう」

「高輪さんと似た口座を探せるということは、名義貸し口座のリストを保有しているような、大規模な反社組織が絡んでいる可能性はありますよね」

「どのみち、取り返すのはきっと無理ね」

頭痛の種は他にもありました。

「社長が高輪さんに頭を下げたらしい。メンツ丸つぶれじゃないか。どこの部署が責任を取るんだ」

そんな声によって巻き起こった、責任のなすりつけ合いです。

一瞬耳を疑いました。社長が頭を下げるということは、社長が責任を取ったということのはずです。ここから、再発防止策について話し合いが始まるスタートラインになるはずです。そうなるはずだったのです。まあ、信じていた私が馬鹿でした。

社長のメンツを潰したのは誰だという責任の押しつけ合いが始まりました。そういうわけで、ミスを認めているシステム課だけが一方的に悪者にされているのです。

「システム課の責任でしょう。Windows 7のアップグレードを忘れたなんて、あってはならないことですよ。うちのチェック漏れを指摘する前に、やることがあるんじゃないですかね」

正直、仰る通りでございます。しかし、Windows 10アップグレードの経費申請を何度も却下し、一ヶ月前まで保留し続けたのはどこの部署の方でしたっけ。もうちょっと時間があれば、計画的にリプレースできたのですけどね。まぁ、口には出しませんが。

「Macの中にWindowsを入れたらダメという規則なんて、ないよね？　規則違反じゃないのでうちは悪くないんじゃないの？」

営業部の皆様も素知らぬ顔です。ろくな調査依頼もせずに高輪氏を怒らせたのはどこの誰でしたっけ。まぁ、これも口には出しませんが。

彼らだって馬鹿じゃないので、分かっているはずなのです。本気で自分に落ち度がないと思っているのなら、ちょっと考えものです。結局の所、金と出世の問題なのでしょう。もし「自分の責任」となれば、今回の損害金を自分の部署で被らなければならず、その上、出世にも響きます。

一方で、システム課は一切収益を生まないコストセンターです。元々部門会計が赤字ですから、損害を被ったところで赤字には変わりません。その上、現状のメンバーで出世欲がある人は皆無です。むしろ定時で帰りたいので管理職なんてまっぴらごめんですからね。したがって、システム課は全責任を被ったところで、形式上のデメリットはないのです。ただただ不愉快だという点を除けば。

ああ……。

本当の再発防止策って、自ら反省しなければ前に進めないというのに。

鉄道事業部とはなんでこうも空気が違うんでしょうね。万能倉統括指令長が頭を下げたからといって、忖度して責任の押しつけ合戦なんて始まりませんでした。全線運休事件の後、インシデントの責任を受け止め、着々と改善を進めているのです。それだというのに、こっちはこれだから。

ま、私たちもこれから再発防止策を考えないといけないのですけどね。今回のようなMacの中の仮想マシンに無断でインストールされていたWindows 7、DNSの通信を装うスパイウェア、外部WEBメールサービスのセッションハイジャック。頭が痛いことばかりです。

電話のベルが鳴りました。

「はーい、システム祝園です」

『高輪です』

「え、あ、外線!?　お世話になっております。この度は、その――」

『ちょうど良かった。実はあなたにお礼を言いたくて電話をしました』

「えっ」

『レポート読みましたよ。何が起きたのか大変分かりやすかったです。正直、私の事務所で起きていたとしても不思議ではない。アシスタントに総点検させることにしました』

「……あ、いえ」

私はどう反応すればよろしいのでしょうか。

『昔を思い出しました。私も昔は情シス担当をしていたんです。会議の時に飛び込んできたあなたを見て、懐かしくなりました』

「そうだったんですか」

『まぁ、Windowsを駆逐しようとして受け入れられず、やめたんですけどね』

「……でしょうね」

その様子が目に浮かぶようです。

『ところで本題ですが』

「はい」

『もう御社とは金輪際お取引するつもりは――』

当然です。しかし、なぜ私にそれを?

『――ありませんでした。でも、会議室の時のあなたの振る舞い、そしてこのレポートを見て考えを変えました。あなたは正直で信頼できる』

「ほぇ?」

あまりにも意外な言葉に変な声が出てしまいました。デジタルフォレンジック的にはリスキーなことをしたことまで書いたので、てっきり怒られるかと。

『だから、あなたがいる限り、今後もお取引をさせていただこうと思います。ただし、条件付きで。まず、あなたの部署が窓口となること、私のデザインを利用した商品の利益については、一定割合をセキュリティ予算に充てること』

「……お言葉はありがたいのですが、個人的には、やめておいた方が良いのではと思いますよ?」

『もう御社営業部の方にはお伝えしました。その時の顔を見せてあげたいくらいですよ、はっはっはっ』

「へっ……」

『あなたは御社の社風に染まらず、頑張ってください。では』

電話が切れました。

その報告を聞いた山家課長とＣＩＯは、頭を抱えました。社内政治的には、システム課が営業部の仕事を横取りするなんて、重大インシデントに準じるアレですからね。

数ヶ月後

少し手狭な社員食堂。昼食時はいつでも賑わっています。誰かがテレビの音量を上げました。テーブルの上には今日も高輪デザインのぽん酢が置かれています。

「アカネちゃん、情報セキュリティマネジメント試験、だめだったよ……」

スマートフォンで情報処理試験の合格発表を確認していた英賀保が、肩を落としました。

「きっと、あなたのことですから、採点のＯＣＲをバグらせたのでは」

「えぇ、そんなことはないよ！」

「知識はだいぶ頭に入ったようですし、次回挑戦すれば受かりますよ」

背後から、ヘラヘラとした不愉快な口調の声が聞こえてきました。

「ふーん、『アカネちゃん』、いつからそんな甘々な評価をするようになったんですかねー」

「どなた様ですか？」

「これは失敬、國鉄公安のささみんであります」

「國鉄職員は暇でいいですね」

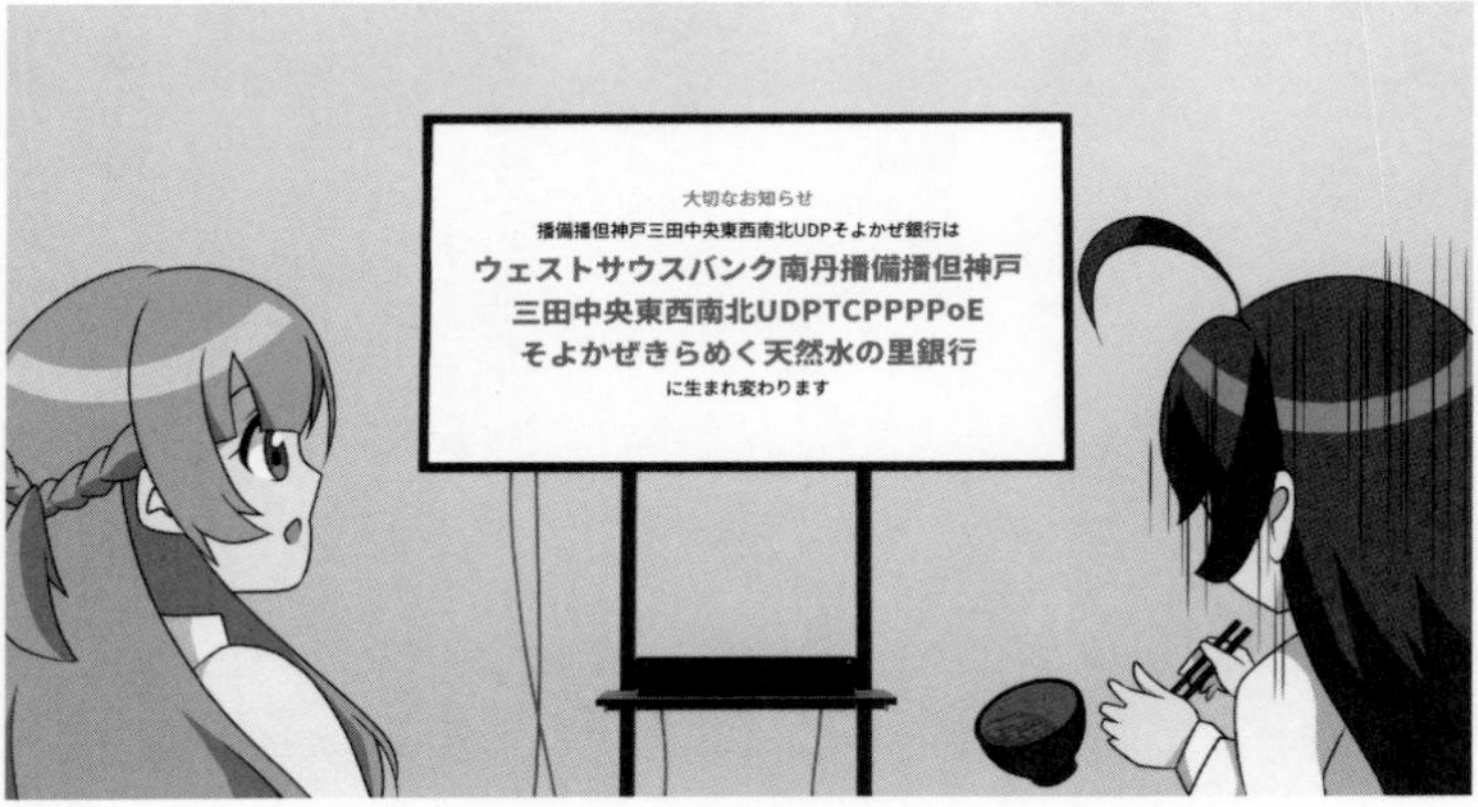

「関西ＣＳＩＲＴ協会で配られたアカネの資料読んだよー。結局犯人捕まったの？」

「いいえ。海外からの攻撃みたいですし、手も足も出なかったんじゃないですか」

「でも質入れ口座ってことは、きっと国内の反社も絡んでるでしょ」

「ま、もし篠山さんが警察にいれば、ちょっとは逮捕に期待できたかもしれませんけどね」

「……アカネ、何か変なもの食べた？」

「はい？」

「アカネが人を褒めるなんておかしい」

「まあ、色々あったのですよ。色々」

　その時、テレビから四音チャイムが流れました。

ちょっと食堂が静まります。

《播備播但神戸三田中央東西南北ＵＤＰそよかぜ銀行より、大切なお知らせです》

お、ようやくまともな名前になるのでしょうか。

《播備播但神戸三田中央東西南北ＵＤＰそよかぜ銀行は、令和三年四月一日よりウェストサウスバンク南丹播備播但神戸三田中央東西南北UDPTCPPPoEそよかぜきらめく天然水の里銀行に生まれ変わります。詳しくはホームページ又は窓口配布のパンフレットをご覧ください。お問い合わせ、ご相談はフリーダイヤル０１２０－ｘｘｘ－ｘｘｘまで！》

……ええ加減にせえ！

インシデントのまとめ

- ビジネスメール詐欺は本物のメールを真似てくる
- 人の注意力には限界があり、いくらチェックしても見抜けないケースもある
- 仮想マシンの中の古いOSがリスクになる
- 関係者への説明のためにも、ログや証拠の確保は最優先

人は本当に簡単に騙されるので、ビジネスメール詐欺を防ぐのは容易ではありません。手口を担当者に周知して心づもりをすること、急な入金先の変更は電話など別の手段で確認することも大切ですが、それでも完全な対策とはなり得ません。被害に遭ってしまった時に、迅速にログや証拠を確保するとともに、企業イメージの低下や取引先との関係を壊してしまうような結果を招かないよう即座に行動できる体制作りが必要です。

メールを盗み見られると、無関係な社外の関係者を巻き込むことにもなってしまうね。広報としてはどう公表するべきか、頭が痛い問題だよ。

【参考文献】

日本語ドメイン名

●株式会社日本レジストリサービス：日本語JPドメイン名とは、https://日本語.jp/about/

●株式会社日本レジストリサービス（2019）：汎用JPドメイン名登録等に関する技術細則、https://jprs.jp/doc/rule/saisoku-1-wideusejp.html

ホモグラフ攻撃

●樽井 秀人（2017）：肉眼では偽物と見抜けない国際化ドメイン悪用のURL偽装、Google Chromeなどで対策進む、窓の杜、https://forest.watch.impress.co.jp/docs/news/1056177.html

ビジネスメール詐欺

- 独立行政法人情報処理推進機構（２０１８）：【注意喚起】偽口座への送金を促す〝ビジネスメール詐欺〟の手口（続報）https://www.ipa.go.jp/security/announce/201808-bec.html
- 『〝注意力〟だけではもう見破れない？　日本企業を狙うメール詐欺の進化』https://www.itmedia.co.jp/enterprise/articles/1809/04/news032.html
- 情報セキュリティマネジメント試験

セッションハイジャック

- 独立行政法人情報処理推進機構（２００７）：セッションＩＤとセッションＩＤ侵害手口、セキュアプログラミング講座　Ｗｅｂアプリケーション編　第４章 セッション対策 https://www.ipa.go.jp/security/awareness/vendor/programmingv2/contents/302.html

DNSプロトコルを使用するマルウェア

● 株式会社ラック（２０１６）：遠隔操作ウイルスの制御にDNSプロトコルを使用する事案への注意喚起、LAC WATCH https://www.lac.co.jp/lacwatch/alert/20160201_000310.html

【参考事例】

ビジネスメール詐欺

● 日本航空（ＪＡＬ）がビジネスメール詐欺により、３億８千万円の被害に遭った。

出典：濱口翔太郎、ITmedia（２０１８）『ＪＡＬもだまされた　こんなに怖い「ビジネスメール詐欺」』 https://www.itmedia.co.jp/business/articles/1801/10/news097.html

幕間

温泉旅行編

原稿インジェクション攻撃

祝園アカネ SIDE

「へぁ……」

私は机に突っ伏しました。

最近は目元の隈が消えません。

数ヶ月前、食堂に高輪デザインの「インシデントれすぽん酢」を置いたことがきっかけで、京姫鉄道セキュリティインシデントレスポンスチーム（K－SIRT）が、ようやく弊社社内に認知されてきました。

情報セキュリティの消防団と言えば聞こえは良いですが、嬉しいことばかりではありません。

すでに通報がパンク状態です。

やれパソコンがハッキングされて壊れた（※電源コードの挿し忘れ）だの、コピー機がハッキングされて壊れた（※単なるトナー切れ）だの、冷蔵庫に置いていたプリンが盗まれた（※冷蔵庫に置いていたプリンが盗まれた）だの、割とどうでもいい通報であふれかえっています。

ただ、隠れたインシデントのことを考えると、こういうくだらない通報も受け付けないわけにはいかず……。早く英賀保が使い物になれば良いのですが、彼女のパッシブスキルが『無意識にシステムを破壊すること』なので、インシデント対応には向かないというか。

英賀保が情報セキュリティマネジメント試験の教本を片手に近づいてきます。

「ねえねえ。お疲れのところごめん、ちょっといい？」

「はい」

一瞬躊躇しますが、情報セキュリティマネジメント試験に合格しようと必死に努力している姿を見ると、応援しないわけにはいかないのです。

「SQLインジェクションって何？　プレースホルダーがどうのって、説明を読んでも分からなくて」

「そもそもSQLって知ってます？」

「知らない」

「でしょうね」

途端に面倒くさくなりました。しかし、せっかく興味を持ったのだから追い返すわけにもいきません。うーん……。

「では、こんなたとえ話はどうでしょう。この世界を小説の中だとします」

「ここが、小説の中……」

「ここに原稿があります」

　私はそう言って、英賀保に原稿用紙を見せました。

「ここに原稿があります」
私はそう言って、英賀保に原稿用紙を見せました。
「おお、この世界のものとは思えないぐらい字が下手だね」

「おお、この世界のものとは思えないぐらい字が下手だね」

「まあ、それは」

「……って、あれ、私のセリフが先に書かれている!?」

「というように、原稿に書かれたことが、我々の世界で起きるのです」

「すごい！」

「ところで、作者が考えあぐねて、セリフが空欄になっている箇所があります。もう誰かにセリフを考えてもらいたいらしいので、好きなセリフを記入していいみたいですよ」

「え、なんでも書いてもいいの？」

「はい」

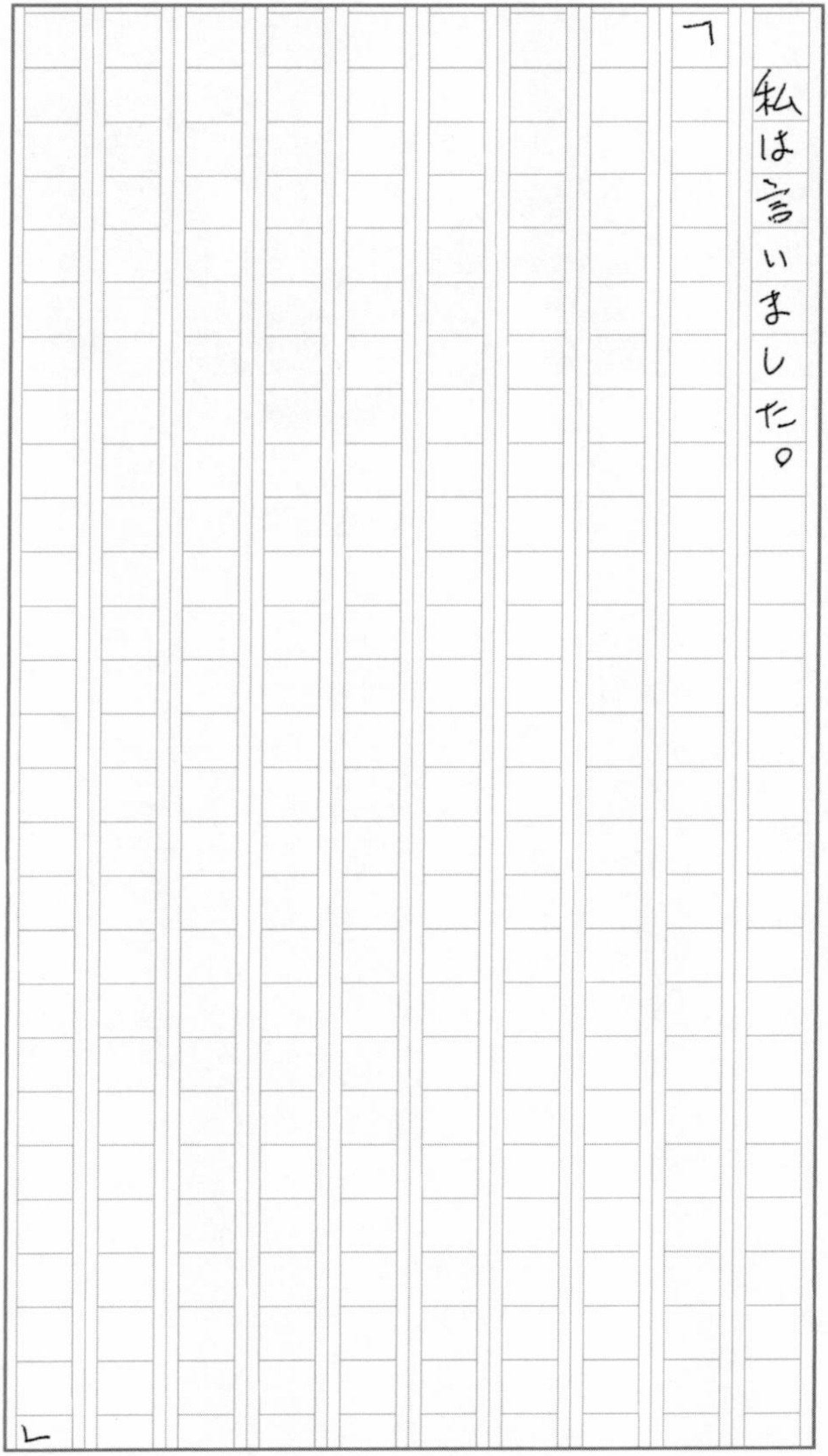

「んー……じゃあ」

英賀保はすらすらと原稿用紙にペンを走らせます。

次の瞬間、世界は眩いばかりの光に包まれました。まさか、世界が再構築⁉　何をした、英賀保芽依――

私は言いました。

「疲れたので、有休取ります」

芽依も偶然同じ日に有休を取っていたので、一緒に温泉に泊まりに行くことになりました。なんと、露天風呂でお酒が飲めるのです。芽依に注がれたお酒を飲みます。三十四年後、芽依と共通の孫ができるとは思いもよりませんでしたが（※ちなみに、私は京姫鉄道グループトップの社長、芽依は秘書室長になる）、きっかけは、この芽依の言葉にあったのかもしれません。

「アカネちゃん、お疲れ様。これからもよろしくね」

カポーン。

……⁉

「私は一体何を⁉　っていうか三十四年後？　孫？　社長⁉」

なぜ私は、脈絡なく露天風呂に浸かりながら、酒なんか飲んでるんでしょうか。

原稿を見ます。

私は言いました。
「疲れたので、有休取ります」
芽依も偶然同じ日に有休を取っていたので、一緒に温泉
に泊まりに行くことになりました。なんと露天風呂でお酒
が飲めるのです。芽依に注がれたお酒を飲みます。三十四
年後、芽依と共通の孫ができるとは思いもよりませんでし
たが（※ちなみに、私は京姫鉄道グループトップの社長、
芽依は秘書室長になる）、きっかけは、この芽依の言葉に
あったのかもしれません。
「アカネちゃん、お疲れ様。これからもよろしくね」

「……ああ、閉じ括弧」

閉じカギ括弧でセリフを終わらせて、地の文を書きやがりましたね、こいつ。なんでも書いて良いとは言いましたが、いきなりこれとは。

「ふふっ、カギ括弧を書いちゃだめってルールなかったもん」

芽依はにっこりと笑いました。

あれ、そういえば、私、いつから芽依のことを芽依と呼んでましたっけ……。思い出せません。最初から……だった……ような。

「このバカ。人の人生を変えるレベルの原稿インジェクション攻撃なんてするんじゃありませんん」

「あ、これがインジェクション攻撃なんだね。カギ括弧を書けば、地の文も挿入（インジェクション）できる。地の文があればなんでもできる」

「……そうです。著者の意図に反して、あなたがセリフ欄に記入したカギ括弧を、編集者がそのまま解釈してしまった。よく分かりましたね、何も説明してないのに」

「お疲れのアカネちゃんに休んでもらいたかったから」

つまり、私を強制的に休ませたるために、思案を巡らせた結果、自然と原稿インジェクション攻撃に思い至り、世界を改変したというわけですか。さすが、ナチュラルボーンアルティメットバグトリガー。ある意味天才です。

まぁ、内心休みたかったのは事実ですが。

「……ついでにあなた個人の願望も混ざってません？」

「えへへ。三方ヨシだよ」

もはや何もツッコむまい。

「まぁ、いいです。じゃあ、逆に著者の立場で、どうしたら攻撃を防げたと思いますか？」

「うーん……著者は、他人に甘えずに、自分でセリフを考えるとか？」

「それも正論ですが、セリフが思いつかないから誰かに埋めてもらいたかったんですよ？」

「そっか。じゃあ、カギ括弧の記入を許さないってのはどうかな？　カギ括弧は会話の始めと終わりって意味があるからややこしいんだと思う」

「鋭いですね。まさにそこがキモです」

「やっぱり？　えへへ」

「でも、会話の始まりと終わりを意味する文字ってたくさんありますよね。二重カギ括弧とか、ダブルクォーテーションとか……」

「確かに。全部網羅するのは大変そう」

「こう考えたらどうでしょう。本文に直接書かせるのがダメなんです」

「……あ。じゃあ、別紙か。こうすればいいの？」

私は言いました。
【編集者様へ。ここに、別紙①の記入内容をアカネのセリフとして入れてください。別紙①に書かれていることは何であれ全てセリフです】

「いいですね。これなら、編集者は誤解しません。別紙①に何を書かれても私のセリフ以外にはなりません。地の文を使った世界改変は起きないということです」

　芽依がぱあっと笑顔になります。

「そっか！　これが、あれ、なんだっけ、本に書いてあったプレースホルダーってやつ？」

「はい」

「やった。正解だ」

　芽依のことをバカだと思ってましたが、私よりも知識の吸収力は高い。それはちょっと羨ましいです。

「原稿インジェクション攻撃も、ＳＱＬインジェクション攻撃も、ＯＳコマンドインジェクション攻撃も本質は同じです。特別な意味を持つ記号を入力することで、開発者が意図せぬ動作を引き起こします。情報漏えいとか、データの改ざんとか」

「なるほどね」

「対象とするのが原稿なら、原稿インジェクション攻撃、ＳＱＬによるデータベースの呼び出しならＳＱＬインジェクションこうげき、ＯＳのコマンドじっこうならＯＳコマンドインジェクションこうげきという話です」

あれ、なんかふらふらしてきました。

ああ、私、お酒に弱いってこと、芽依に話していませんでしたっけ。飲み会全拒否なのでそりゃ知りませんよね。

「なんとなく分かったよ。ありがとうアカネちゃん」

なんだか、とても良い気分です。

「そんなことより、めい。がんばりやさんですね。きにいった」

「……あれ、アカネちゃん酔っ払ってる？　一口しか飲んでないのに⁉」

「よってらんかいませんよ。めいはえらい！　ほめてあげます。よしよし」

整数オーバーフロー

英賀保芽依 SIDE

夕食後、布団が敷かれた次の瞬間、アカネちゃんはそこにダイブし、寝息を立て始めた。お疲れなのだろう。本当はもっとおしゃべりしていたいけれど、叩き起こすわけにもいかない。後ろ髪を引かれる思いで、私は情報セキュリティマネジメント試験の教本を開いた。

所詮、素人の付け焼き刃であることは分かっている。勉強だって得意なわけではない。でも、今は少しでも付け焼き刃が欲しかった。すぐに刃こぼれしたっていい。それで、アカネちゃんの役に立つのなら。でも……

――整数オーバーフロー……？

頭がオーバーフローしてしまいそうだ。アカネちゃんにも泣きつけない。結局、アカネちゃんが目を覚ましたのは1時間後のことだった。

「ん……今、何時ですか？」

「21時だよ。温泉は23時まで開いてるから、もう一度行くなら今がチャンス」

「……疲れて身体が動かないです」

そっか……。少し残念だけど、仕方ない。疲れ切った身体には温泉は毒だとも言うし。

アカネちゃんは、ふと私の手元に視線を向けた。

「勉強ですか」

「うん」

「どんな本ですか？　見せてください」

教本を渡すと、アカネちゃんは寝そべったまま、パラパラと読み始める。気だるそうな表情だったが、最後のページを見て、ぱっと表情が明るくなった。

「最後のページ、２５６ページです。ピッタリ」

「それ印刷屋さんに教えてもらったよ。本は大きい紙に何ページ分かを印刷して、それを四つ折りとしてから、端を切って作るんだって。だから８ページとか16ページ単位になるみたい」

「印刷屋？　同人誌でも作ってるんですか？」

「違うよ、社史の本を入稿する時に教えてもらったんだ」

「なるほど。興味深い話ですね」

あまり興味はなさそうだ。せっかくなので、疑問をぶつけてみる。

「でも、システム課の人って２５６とかという数字を喜ぶよね。理由が分からないよ」

「そうですか？　キリが良い数字だからです。そういうの、皆、好きでは？」

「キリが良いって、どこが？」

　私が首をかしげると、アカネちゃんは面倒くさそうに身を起こした。

「コンピューターの中では、二進法、つまり0か1かで数字を表すというのは知ってますよね」

「うん、聞いたことある」

「256を二進法で表すと、1　0000　0000。1に0が8個でキリが良いんです」

「8？　何か本みたいだね」

「そうですね。2ページなら二進法で10、1回折って4ページなら100、さらにもう1回折って8ページなら1000」

　なんとなく分かる。二つ折りを繰り返せば、ページ数は2の何乗ということになる。そして、二進数を二倍したらお尻に0が増えるのは、十進数を十倍したらお尻に0が増えるのと同じようなものなのだと思う。でも、アカネちゃんは私の質問に答えていない。前提の前提から話し出すのは、正直、技術系の人の悪い癖だと思う。

「でも、何で256が特別なの？　それだったら、16とか、32とかでも良くない？」

　すると、アカネちゃんは少し考えてから答えた。

「まぁそれでも良いんですけどね。256は、そうですね、プログラマーなら昔の名残でよく目にするというだけです。すごく簡単に言うと、昔のコンピューターは、一度の計算に扱える整数値が、8桁の二進数でした。つまり8個の0か1ですね。で、1が8個、1111 1111。これが最大値でした。十進数に直すと255です」

言葉を一つ一つ選んでいるような様子だ。

「あれ、256は?」

「0をカウントすると256通りの数字が表せるってことですね。でも、256という数値そのものは、工夫しないと扱えなかったってことです。二進数で9桁必要なので」

「じゃあ、その昔のコンピューターで、工夫せずに、255に1足したらどうなるの?」

するとアカネちゃんは間髪入れずに即答した。

「ゼロになります」

「え? 何で?」

「うーん、そうですね。車の走行距離計《オドメーター》が6桁しかないとして、999999キロまで走ったら、次の1キロでどうなりますか?」

「000000になる。YouTubeで見た。あー、それと一緒か」

「はい。1111 1111に、1を足すと、1 0000 0000 になりますが、右詰めで8桁しか枠がないので、それに収まらない頭の1は捨てられてしまい、結果、0000

００００になるんです」

「でも、勝手にゼロになったら困らない？」

アカネちゃんは、私に向かって身を乗り出した。

「良い点に気付きましたね。そう、困るんですよ。例えば、本の256ページ目に印刷しろと指示したら、0ページ目に印刷されてしまうということになります。似たような問題に、二〇三六年・二〇三八年問題とか、GPSのロールオーバーとか、色々あります。あとは、メーターを弄って車検をちょろまかすのと同様、意図的にオーバーフローさせてセキュリティを回避するとか」

「もしかして、整数オーバーフローの脆弱性とか攻撃とかってそういうこと？」

「そうです。用語の暗記はバッチリですね」

「うん、教本は読んでるからね……」

ううう、なんか嫌味に聞こえてしまうのが悲しい。

すると、アカネちゃんはすっかり元気になった様子で、立ち上がった。

「さて、目も覚めたので、もう一度、温泉に浸かってきます」

「あー、待って！　私も行く」

技術の話をすると元気になるのも、技術系の人の不思議なところだと思った。

WEB特典

INCIDENT 3

さようなら京姫鉄道株式会社

来客

祝園アカネ SIDE

季節が巡って再び春が近づいてきました。

年度末の三月末に向けて色々なことが忙しくなります。『ウェストサウスバンク南丹播備播但神戸三田中央東西南北UDPTCPPPoEそよかぜきらめく天然水の里銀行』関連もそうですが、色々な雑用が回ってきます。ですが、

「**試験勉強間に合わないーー！**」

情報セキュリティマネジメント試験に挑戦中の芽依はこんな調子です。少しぐらい手伝って欲しい……いや、重大インシデントを起こしかねないので放置ですね。

まぁ、うちは規模としては中小企業に毛が生えた程度ですが、一応は上場企業ですし、上司の理解もあり、勉強するも業務のうちに認められているというのは良いところです。

「垂水主任、関西ＣＳＩＲＴ協会に出す資料、代わりに作ってください。手が回らないので」

「ラジャー、祝園主任！」

垂水先輩は副業の鉄道保存団体で理事長を務める関係で、こうした面倒くさい資料作成はお手の物です。この人の場合、副業は京姫鉄道で、本業が鉄道保存団体っぽい感じがしますが。

さて、優先度の高い作業は、と。

カレンダーのウィンドウを開いた、その時でした。

ガラッと音を立てて、入口の扉が勢いよく開きます。

「祝園アカネはどこ⁉」

制服姿の女子高生が立っていました。

「あ、女子高生」

「女子高生？」

「ツインテの女子高生だ」

と、少佐が片眉を吊り上げます。

「お兄は黙ってて」

お兄？ってことは、この怒れるツインテールの女子高生は少佐の妹さんでしょうか。しかし、妹さんが私に一体何の用?

「祝園アカネは私で」

「あなたが祝園アカネね」

「え、あ、はい」

「ちょっと、借りるね」

廊下に連れ出されました。そして台車に乗せられ、廊下を駆け抜けます。なぜこんなことに。

行き着いた先は役員会議室でした。高級感溢れる重厚な木目調の円卓に、私と少佐の妹さんの二人きり。後光がさす彼女の貫禄は、ただの高校生のものとは思えませんでした。

「今から言う話は絶対に口外しないこと。いい?」

「……はい」

「あなたは一応ここの株主だったよね」

「はい。一応、千株ぐらい持ってますが」

「インサイダー取引になるから、以降、この件を公表するまでは一切取引しないこと」

「……はい。……ん?」

「これは一部の管理職にはもう伝わっている話だけど、『京姫鉄道株式会社』は、なくなります」

……え。

「なくなる？　どういうことですか？」

「淡路鳴門急行の経営破綻のニュースは知ってる？」

「はい。通勤でもろに困ってます」

「でしょうね。ここで、良いニュースと、悪いニュースがある。まず、良いニュース。淡路鳴門急行は廃線にならない。もう少ししたら運転再開する」

「それは良いニュースです」

「でしょ。そして、悪いニュース。淡路鳴門急行を京姫鉄道グループで引き受けざるをえなくなった。政治的な色々があって」

「え……」

「もうすぐ京姫淡急《きょうきだんきゅう》ホールディングス株式会社を設立します。傘下には、淡路鳴門急行の事業を譲受する新しい子会社『淡鳴急行《だんめい》』と、京姫鉄道が入る。『京姫鉄道株式会社』は完全子会社化され、事務簡素化のため『京姫鉄道合同会社』に改組されることになる。ホールディングスの代表取締役社長はこの私、高槻千夏が就任する予定」

「えっ、高校生が社長？」

なんということでしょう。

芽依による原稿インジェクション攻撃の余波でしょうか。世界があらぬ方向に転がりはじめました。私としたことが、とんだうっかりです。さようなら　京姫鉄株式会社、こんにちは、壊れた世界。

「まぁ、その頃には大学生だけどね」

　少佐の妹こと高槻千夏は、少し残念そうにため息をつきました。そして、私の目をしっかりと見据えて続けます。

「そして、祝園アカネ。あなたには、ホールディングスの方に転籍してもらいます。その上で、京姫鉄道と淡鳴急行の両方に出向してもらう形になります。セキュリティ担当としてね」

　理解するのに少し時間が掛かりました。私はどうやら転籍という言葉に少しショックを受けているようでした。数年間過ごすうちに、このダメな会社にも愛着が湧いていたとは。

「ちょっと待ってください。どういうことか説明してください。これは本当の話なんですか？」

　高槻千夏は口元に笑みを浮かべました。

「さすがセキュリティ担当、ガードが堅い」

「……いえ」

「本当の話。あとで山家さんに聞いてみなさい」

　しばらくの間、部屋が静寂に包まれました。新幹線の通過する音が聞こえてきます。

「そもそもなぜあなたが社長を？」

するると、ナイスクエスチョンとばかりに、ウインクして私を指差します。

「話題作り。上場企業の社長としては最年少、斜陽の鉄道業界に新風——良い響きでしょ」

「はぁ、それ、表向きの理由では」

「勘が良いじゃない、正解。要はスケープゴート。あんな採算性のない会社の尻拭いなんて引き受けたら、誰が考えても業績悪化は避けられないでしょ？　その上、線路は國鉄に持っていかれて、それを借りる形になるから、線路使用料も取れないし、経営に自由度もない。完全なる負け戦。だから、責任を取って退任する人が必要ってわけ」

「あなたが都合の良い人なんですか？」

「ご明察。こういう負け戦は、創業家がケツを持つしかない。でも、首切り要員は、一族の中で最もダメージが少ない人が良い。それが私。元々祖父からの相続で私が個人筆頭株主だったし、私自身ここでのバイト経験も長いから、ちょうどいいってのもあるんだけどね」

「へぇ……」

あんまり関わりたくない話ですね。

「でも、そんなのつまらないじゃない？　最初から負けを期待されてるなんて」

彼女は不敵な笑みを浮かべました。

「税引前純利益を2倍にして、惜しまれながら退任したい」

野心に満ちた鋭い眼光。気温が数度下がりました。

私は少し不安になります。大荷物を抱えながら、税引前当期純利益を二倍にするには、どれだけぽん酢を売らなければならないのでしょうか。さすがに市場が飽和してしまいます。

「鉄道は斜陽産業。レッドオーシャンだろうと、ブルーオーシャンだろうと、干上がっていくのは目に見えてる。本気でぽん酢屋さんに業態転換するつもりなら別だけど、最後まで鉄道で食っていく覚悟なら、海には水を注がないと。ぽん酢じゃなくてね」

私は彼女から書類を手渡されます。そこには『オンデマンドトレイン構想』などという野心溢れる素人の絵空事が書かれていました。要は、定期列車を減らす代わりに、ホームに置いた端末や旅客のスマートフォンでいつでも臨時列車を呼べるようにするという構想です。まぁ技術的には可能でしょうけど、車両とか乗務員とかの手配は上手くいくんでしょうか。まぁ今はどうでもいいですけど。

「……国交省の人とか文句言ってこないですか？」

「役人なんかAIだの、ディープラーニングだの、ブロックチェーンだの、メルセンヌ・ツイスターだのそれっぽい社会実験のポンチ絵を描いて煙をまけば何とかなる。そもそもうちに淡鳴急行を押しつけてきたのあいつらなんだし、私が今後数年間は学業に集中できないのもあいつらのせいなんだから、煮え湯は一緒に呑んでもらうけどね」

「へぇ、すごいっすね」

「お役所は問題じゃない。むしろ問題は、内部にある。なんだと思う？」

私をわざわざ呼ぶということは――。

「……セキュリティですか？」

ようやく、話が繋がりました。

「そう。京姫鉄道は、セキュリティ事故が多すぎて攻めの手を打てない。だから、あなたには、グループ全体で、私が安心して攻められる地盤を作って欲しい。まずは、淡鳴急行から」

「えぇ」

「あなたの評判は兄から聞いてる。あと、朝霧義満、高輪なんとかからも。私の計画にはあなたが必要。きっとあなたにとっても勉強になると思う。どう？　協力してくれる？」

「興味ないです。面倒です」

新社長（仮）は、冷や水と豆鉄砲を同時に浴びせられた鳩のような表情を浮かべました。

「え!?　じゃあ、ストックオプション付きでどう」

「いえ……」

というか、ストックオプションって言いたいだけでしょう……。

「今、額面年収三百万ぐらいでしょ？　残業抜きで」

「はい」

「持ち株会社プラス出向先二社分で合計一二〇〇万出す。ストックオプションもつける。これでどう？」

「……いえ。金を積まれても、面倒事には巻き込まれたくないです。労働基準法的に、転籍は拒否できるはずです」

新社長（仮）の表情には焦りが滲み出ていました。少し視線も泳いでいます。彼女は取り繕うように、ふむ、と顎に手を当てました。

「さすが、高校時代、男子に告白されて、嫌いなところ百個挙げて振ったというだけある」

予想外の言葉に私は驚愕しました。まさか黒歴史を掘り返してくるとは。

「へ？　なんで、そんなことを知ってるんですか」

「なんでも知ってる。好きな人のことなら、嫌いなことだって百個調べ上げるでしょう」

「……プライバシーの侵害です。セクハラです。」

床をのたうち回りたいような気分でした。

「じゃあ、お詫びに条件を付け加える。ソファに寝転がりながら勤務してもいい。勤務場所自由、完全フレックスタイム制、三社合計で所定勤務時間一日六時間。これでどう？」

「!?」

私の理想を確実に突いてきました。心が揺れます。しかし——。

「ぐぅ……考えます」

実際、三社で勤務するとなれば、自然とそういう勤務形態になるのだと思いますが……。

「そう、良い返事を期待してる」

「もう一つ条件を」

「何？」

「もし、その提案を受けるとしたら、英賀保芽依も連れて行かせてください」

転籍

それから数ヶ月後。

悩みに悩んだ末、結局、肩書きが増えることになりました。

京姫淡急ホールディングス株式会社社長室　K-SIRT統轄主任
（出向）京姫鉄道合同会社広報部システム課　K-SIRT係長

副業とか兼業とかには手を出すまいと思っていたのですが、何かもう、複業を三つ抱えているって感じです。

その上、主任のまま親会社に転籍したのに、元の会社に出向したら係長になったり、淡鳴急行では担当部長になっていたりと、グループ会社同士の力関係や給与水準がもろに見え透いていて、何だかとても嫌らしい感じです。

淡鳴急行に関しては、最後まで二転三転した末に総務部付担当部長に落ち着いたのですが、これは淡鳴急行側の必死の抵抗の痕跡と言えるでしょう。本当は事業譲渡も、天下りの受け入れも不本意に違いありません。揉めるぐらいなら下っ端ヒラ社員で良かったのに。ああ、好感度マイナスからのスタートです。

以前から自覚していましたが、私は頼まれると断れない性格です。しかし、こんな面倒事に巻き込まれてしまうことになるとは。もう少し、ノーと言える人間になりたいものですね。

その時、芽依の声が聞こえました。

「あ、２５５ページ」

WEB特典のご案内

整数オーバーフローが発生しました。INCIDENT3の続きは、ＷＥＢで会員特典のPDFとしてご覧いただけます。

会員特典は、以下のサイトからダウンロードして入手いただけます。

https://www.shoeisha.co.jp/book/present/9784798162690

※画面の指示に従って進めると、アクセスキーの入力を求める画面が表示されます。画面で指定されたアクセスキーを半角英数字で、大文字、小文字を区別して入力してください。

●注意

※会員特典のダウンロードには、SHOEISHA iD（翔泳社が運営する無料の会員制度）への会員登録が必要です。詳しくは、ＷＥＢサイトをご覧ください。

※会員特典に関する権利は著者および株式会社翔泳社が所有しています。許可なく配布したり、ＷＥＢサイトに転載することはできません。

※会員特典データの提供は予告なく終了することがあります。あらかじめご了承ください。

●免責事項

※会員特典の提供にあたっては正確な記述につとめましたが、著者や出版社などのいずれも、その内容に対してなんらかの保証をするものではなく、内容に基づくいかなる運用結果に関してもいっさいの責任を負いません。

謝辞

本書の執筆にあたり、以下の皆様に多大なるご協力をいただきました。心より御礼申し上げます。

レビュー協力
（シナリオ技術監修・レビュー含む）

・株式会社ラック
熊谷 悠平
今井 志有人
西部 修明
山坂 匡弘
仲上 竜太
谷口 隼祐
・クニキチ
・玉虫型偵察器
・yokonaha103
・諸々の事情により掲載不可の皆様

クラウドファンディング協力
セキュリティ系コメディ こうしす！
EEシリーズ始動！ 3D&宣伝
制作プロジェクト

・@AkihiroShiroma
・@filtermap
・@nini126
・@Rutice_jp
・@takano32
・ArtilleryTarget
・dorako321
・IPUSIRON
・Kapibara108
・Kauplan Agency
・koduki
・kwd.net
・MIURA Yasuyuki
・Mr.Geek
・Notes9
・oyuda1224
・ROCA
・SHIN
・Shuto Imai
・tak.hama
・technopolis
・wettshirt072
・Yocchan1513
・アイス
・うぃすて9ーー
・おーさこ
・かわしろ21
・げんじ
・ごろへっへ
・しゅーと
・じゅん@しびれ組
・しらまさ
・てるゆー
・ナスキャ
・にしやまゆういち
・にしゆきひと
・ぽこぽこ
・ほびわん
・まっさ
・もりじゅん
・ヤマダジロウ
・ゆきあかね
・ゆるます
・横尾駿一

・岡崎 将佳
・管技官
・輝美
・吉村 崇志
・玉虫型偵察器
・原島 雄一
・高志の民
・てるふあい
・ニコニコ超会議号5号車友の会
・黒音こなみ
・紺野 元嗣
・最上土川
・十楽ソフトウェア開発
・出井孝幸
・深谷 知靖
・水蓮
・杉本 寛
・大石眞央
・中村健一
・不良将校
・豊田工業大学電卓愛好会
・利奈みんと@シス管系女子
・鈴木 旭
・匿名希望の皆様

pixivFANBOX
・もりじゅん
・その他2名の皆様

その他協力
・@IT連載担当：鈴木麻紀
・法律関係支援：
i-法律事務所
弁護士 川内康雄
・税務関係支援：
篠原朋範税理士事務所
税理士 篠原朋範
・ぽん酢協力：
こむらさき醸造有限会社
・こうしす！・EEロゴ：
デザイン急行株式会社

資料・素材提供
以下の皆様による資料及び素材を、クリエイティブ・コモンズ表示４・０国際ライセンス(https://creativecommons.org/licenses/by/4.0/deed.ja)に基づき、改変して利用させていただきました。クレジットへの掲載は、必ずしも本作品またはその制作者への支持、賛同などを意味するものではありません。
OPAP-JP contributors (https://opap.jp/contributors)

キャラクター原案
・絢嶺るり
・井二かける

キャラクターデザイン
・草宮るみあ
・夏野未来
・なめたけ
・リンゲリエ
・乃樹坂くしお
・如月ほのか
・安坂 悠
・武本譲治
・0たか
・okok3
・五十野タラ

制服デザイン
・麦の人
・井二かける

3Dモデル
・クニキチ
・RootGentle
・くまのぐり
・Sota@./make
・sacorama
・PiT
・小澤 佑太
・桐貴寛仁

新規作画
・草宮るみあ
・廣田智亮
・金白彩佳
・佐久間蒼乃
・安坂 悠
・夏野未来
・リンゲリエ
・小澤 佑太

アニメ版から流用した作画
・くまのぐり
・0たか
・okok3

付録

こうしす!の世界の鉄道網は、私たちの世界とは少し異なっています。このページでは、こうしす!の作中の世界に登場する鉄道について、私たちの世界での史実を紹介します。

姫路モノレール(廃線)

姫路モノレールは、一九六六年五月に開業し、僅か十三年足らずの一九七九年一月に廃止された幻のモノレールです。作中に登場する大将軍駅、手柄山駅は、姫路モノレールの各駅に相当します。大将軍駅は、残念ながら二〇一七年に解体が完了し、現存していません。一方、手柄山駅は、姫路市手柄山交流ステーションとして再活用されています。同施設内のモノレール展示室では、姫路モノレールの車両や資料が無料で展示されていますので、姫路にお越しの際は、ぜひ立ち寄ってみてください。

(https://www.city.himeji.lg.jp/himemono/index.html)

京姫鉄道・国鉄篠山線(未成線・廃線)

京姫鉄道は、明治二十年から三十年頃に計画されていた鉄道路線です。「兵庫県姫路市より飾磨郡、加西郡、加東郡、多紀郡篠山を経て京都府船井郡園部町及び南桑田郡亀岡町に達する鉄道」(地名は当時のもの)という構想でした。しかし、計画は実現に至らず、幻となりました。後に、国鉄篠山線として園部―篠山口間の建設が予定されましたが、福住―篠山口間のみの部分的な開業に留まり、この路線も一九七二年に廃止されました。現在は、村雲駅跡、福住駅跡に石碑が設置されています。

なお、本書を企画した京姫鉄道合同会社は、右記とは無関係に、こうしす!の世界の京姫鉄道の名前を拝借して設立された会社です。鉄道事業者ではありませんが、こうしす!世界の京姫鉄道を舞台とした作品を制作しています。

本四淡路線・四国新幹線・淡路鉄道(未成線・廃線)

作中の本四連絡鉄道、淡路鳴門急行電鉄(淡鳴急行)は、いずれも私たちの世界には相当する鉄道事業者は存在しません。ルートが最も近い路線は日本国有鉄道の路線として検討されていた本四淡路線です。

本四淡路線は、本州から明石海峡大橋を渡り、淡路島、大鳴門橋を経由して四国に至るルートとして検討されていました。この計画では、一九六六年に廃止された淡路鉄道(淡路交通鉄道線)の洲本―福良間の廃線跡を活用することも検討されていたようです。しかし、諸々の事情によって、明石海峡大橋が鉄道の通らない道路単独橋となったことなどもあり、実現に至ることはありませんでした。

なお、執筆時点の現在も、本州―淡路島―四国を結ぶ四国新幹線の構想自体は存続しており、誘致活動も行われています。

日本国有鉄道

作中では二〇二〇年現在も存続している設定の『日本國有鉄道』ですが、史実の『日本国有鉄道』は、一九八七年に国鉄分割民営化によりJRグループ各社に鉄道事業を承継し、事実上の終焉を迎えました。

本書内容に関するお問い合わせについて

このたびは翔泳社の書籍をお買い上げいただき、誠にありがとうございます。弊社では、読者の皆様からのお問い合わせに適切に対応させていただくため、以下のガイドラインへのご協力をお願い致しております。下記項目をお読みいただき、手順に従ってお問い合わせください。

●ご質問される前に

弊社Webサイトの「正誤表」をご参照ください。これまでに判明した正誤や追加情報を掲載しています。

正誤表　https://www.shoeisha.co.jp/book/errata/

●ご質問方法

弊社Webサイトの「刊行物Q&A」をご利用ください。

刊行物Q&A　https://www.shoeisha.co.jp/book/qa/

インターネットをご利用でない場合は、FAXまたは郵便にて、下記"翔泳社 愛読者サービスセンター"までお問い合わせください。

電話でのご質問は、お受けしておりません。

●回答について

回答は、ご質問いただいた手段によってご返事申し上げます。ご質問の内容によっては、回答に数日ないしはそれ以上の期間を要する場合があります。

●ご質問に際してのご注意

本書の対象を越えるもの、記述個所を特定されないもの、また読者固有の環境に起因するご質問等にはお答えできませんので、予めご了承ください。

●郵便物送付先およびFAX番号

送付先住所　〒160-0006　東京都新宿区舟町5

FAX番号　03-5362-3818

宛先　（株）翔泳社 愛読者サービスセンター

著者

井二 かける

情報処理安全確保支援士、プログラマー、作家。技術者の父の影響で、小学生時代からプログラミングに没頭。中学生時代にセキュリティに興味を持ち、高校時代に鉄道趣味にハマる。立命館大学情報理工学部知能情報学科卒。現在はプログラマーとして従事する傍ら、「物語の力でIT・セキュリティをもっと面白く」をモットーに、作家活動、セキュリティ啓発活動を行う。
非営利団体OPAP-JPがオープンソース方式で自主制作するアニメ「こうしす！」シリーズの監督・脚本などを担当するほか、京姫鉄道合同会社として@ITにて連載中のマンガ版「こうしす！@IT支線」の原作・解説を担当。
こうしす！公式HP：https://kosys.opap.jp/

イラスト	草宮るみあ、廣田智亮、金白彩佳、佐久間蒼乃、安坂悠、夏野未来、リンゲリエ、小澤 佑太 ほか
装丁・紙面デザイン	河南祐介（株式会社 FANTAGRAPH）
DTP	株式会社 明昌堂

こうしす! 社内 SE《エスイー》 祝園《ほうその》アカネの情報セキュリティ事件簿

2020 年 2 月 13 日 初版　第 1 刷発行

著　　者	井二《いぶた》 かける
発 行 人	佐々木 幹夫
発 行 所	株式会社 翔泳社（https://www.shoeisha.co.jp）
印刷・製本	株式会社 廣済堂

本書へのお問い合わせについては、ⓥページに記載の内容をお読みください。

造本には細心の注意を払っておりますが、万一、乱丁（ページの順序違い）や落丁（ページの抜け）がございましたら、お取り替えします。03-5362-3705 までご連絡ください。

ISBN978-4-7981-6269-0　Printed in Japan